New Wun Ching Developmental Publishing Co., Ltd.

New Age · New Choice · The Best Selected Educational Publications — NEW WCDP

進階數學

第**3**版

ADVANCED MATHEMATICS

張振華、徐偉鈞　編著

THIRD EDITION

Advanced Mathematics

▶▶ 序 言

　　本書參照教育部最新公布之專技學校課程綱要所訂定之「數學」課程內容編寫而成，適合技專院校之學生在修習完「基礎數學」之後，進一步修習進階的數學課程之用。

　　全書依序分為五章，由座標談起，其次論及線性規劃、三角函數、向量，最後歸結於矩陣與行列式。這些單元環環相扣且都十分適合各科系學生所必須學習的數學內容。

　　本書計有下列特色：

一、深入淺出：將複雜的理論以生活化的例子說明，所以顯得淺顯易懂。

二、立即回饋：每個例題之後皆有「隨堂練習」，提供讀者立即練習與回饋。

三、充分練習：各章之習題量多而質精，可以讓學生達到充分練習之效果。

四、加深涵養：各章皆附有一個數學家故事，藉由領略前人之智慧，加深讀者之涵養。

　　此次改版主要是調整隨堂練習及練習題，特別納入許多與日常生活相關的題型，進而提升同學的學習興趣。

　　雖然全書經校稿再三，內容力求嚴謹，唯恐難免有疏漏處，期望各位先進不吝指正，不勝感謝之至。

張振華 · 徐偉鈞 謹識

▶▶ 目 錄

▶▶
CH 04 向　量

▶▶
CH 05 矩陣與行列式

附　錄

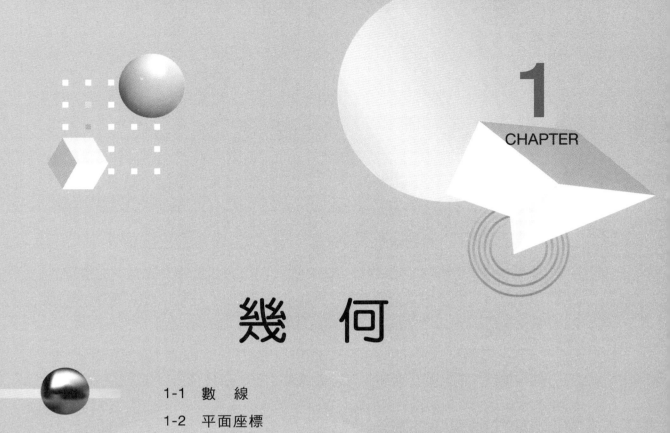

1 CHAPTER

幾　何

　　想一想，如果你分別處在下列三種情境，你會如何透過手機告訴別人你的位置，使你的朋友很快找到你。

情境一：車子拋錨在高速公路上。

情境二：在蘭嶼東南方附近海面坐船垂釣。

情境三：在某棟百貨公司購物血拼中。

　　在情境一的狀況中只要告訴對方自己在南下或北上幾公里處，在情境二要告訴對方自己在蘭嶼東方幾公里、再偏南幾公里處，在情境三除了要告訴對方百貨公司的位置（在哪條路上）以外，尚需說明自己處的高度（在幾樓）。

　　上述三種狀況其實分別使用了三種座標表明目標的位置，我們使用了「數線」說明情境一的位置，使用了「平面座標」說明情境二的位置，使用了「空間座標」說明情境三的位置。顯然在日常生活中要明確定出目標位置，與數線、平面座標、空間座標關係密切，以下就讓我們來看看這三種座標的意涵吧。

1-1　數　線

　　在一直線上取一點 O 當作原點，其所表示的數為0，再取一定長度當作單位長，自原點出發往兩端依序每隔一個單位作一刻度，往右取正，往左取負，就構成了數線。

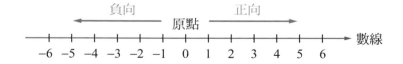

　　數線的特性如下：

1. 數線上的每一個點，都可以用一個數來表示它的位置。

2. 所有正數的點在原點的右邊，且這個數越大，與原點的距離越遠。

3. 所有負數的點在原點的左邊，且這個數越大，與原點的距離越近。

4. 如果在數線上任取兩點，則右邊的點所表示的數大於左邊的點所表示的數。

5. 數線上兩點 a 與 b 之間的距離 $d = |a-b| = a-b$（設 $a > b$）。

6. 數線上兩點 a 與 b 的中點為 $\dfrac{a+b}{2}$。

 Example 1

在數線上畫出4、–7、–13、2、–1各數所標示的點，並比較其大小。

如上圖所示，且各數之大小為 $4 > 2 > -1 > -7 > -13$

 隨堂練習1 在數線上畫出 –2、5、1、–3、0各數所標示的點，並比較其大小。

 Example 2

在數線上與14相距30單位的數是多少？

設此數為 a，則 $|a-14| = 30$，$a-14 = \pm30$，$a = 44$，-16

 隨堂練習2 在數線上與6相距10單位的數是多少？

 Example 3

一隻青蛙自數線上的原點起跳，首先向左跳了7個單位，接著向右跳了3個單位，後來又向左跳了4個單位，這隻青蛙最後的位置離原點多遠？

解 $-7+3-4 = -8$

青蛙最後的位置在原點左方8單位處

 隨堂練習3 一隻蚱蜢自數線上的原點起跳，每次彈跳距離皆為前一次的一半，蚱蜢首先向右跳了64個單位，接著向左跳了32個單位，後來皆依向右跳、向左跳的方式來回跳躍，自原點開始總計跳躍了10次，請問這隻蚱蜢最後的位置離原點多遠？

 Example 4

數線上8與−6的中點是多少

解 $\dfrac{8+(-6)}{2}=1$

 隨堂練習4 數線上6與a的中點是10，則$a=$？

1-2 平面座標

如果目標只侷限在一條直線上，此時適合使用數線來表達目標位置。可是一旦目標在平面上，此時就必須使用平面座標系來表達目標位置。

平面座標系是由兩條互相垂直而且有共同原點 O 的數線所構成，其中水平的數線稱為 x 軸，向右為正向，向左為負向；鉛垂的數線稱為 y 軸，向上為正向，向下為負向。這兩條數線所在的平面稱為座標平面，平面上的點皆可透過 x 座標與 y 座標標示其位置，例如圖中之 P 點之 x 座標為 a，y 座標為 b，故 P 點可用 (a,b) 標示其位置，寫成 $P(a,b)$。

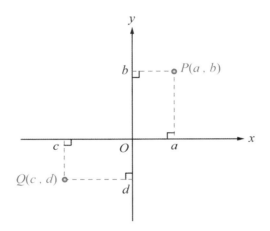

x 軸與 y 軸將座標平面分成四個區域，依逆時針方向分別叫做第一象限、第二象限、第三象限、第四象限。由於 x 軸與 y 軸皆以共同原點 O 當作零點，故處於不同象限的點的 x 座標與 y 座標之正負會不同，例如上圖之 $P(a,b)$ 之 a、b 皆為正，$Q(c, d)$ 之 c、d 皆為負。

當一個數對符號是（＋，＋）時，則數對所表示的點必在第一象限內。

當一個數對符號是（－，＋）時，則數對所表示的點必在第二象限內。

當一個數對符號是（－，－）時，則數對所表示的點必在第三象限內。

當一個數對符號是（＋，－）時，則數對所表示的點必在第四象限內。

Example 5

某人站在一動物園中，以自己位置當作原點，繪製一個座標平面圖，如下圖所示，圖中每一單位為1公里，請問夜行動物區、爬蟲動物館、可愛動物區、昆蟲館的座標分別是多少？

夜行動物區座標(10, 8)

爬蟲動物館座標(−13, 7)

可愛動物區座標(−7, −9)

昆蟲館座標(13, −5)

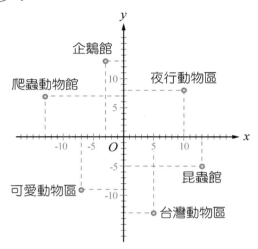

隨堂練習5 同例5之圖，台灣動物區與企鵝館之座標分別是多少？

Example 6

若 $a > 0$，$b < 0$則下列各點(1)$(-a, b)$　(2)(b, a)的位置在哪一象限。

(1) $-a < 0$，$b < 0$，故$(-a, b)$位於第三象限

(2) $b < 0$，$a > 0$，故(b, a)位於第二象限

隨堂練習 6　若 $a<0$，$b>0$ 則下列各點 (1) (a^2b, ab^2)　(2) $(ab, a/b)$ 的位置在哪一象限。

座標平面上兩點 $A(x_1, y_1), B(x_2, y_2)$ 之距離 $\overline{AB}$ 該如何求？方法是利用畢氏定理可得距離公式，過程說明如下：

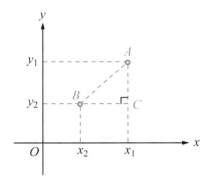

如圖所示，C 為過 A 之鉛垂線與過 B 之水平線交點，故 $\overline{BC} = x_1 - x_2$，$\overline{AC} = y_1 - y_2$，因為 ΔABC 為直角三角形，故得

$$\overline{AB} = \sqrt{\overline{BC}^2 + \overline{AC}^2} = \sqrt{(x_1 - x_2)^2 + (y_1 - y_2)^2}$$

結論：若 $A(x_1, y_1), B(x_2, y_2)$，則 $\overline{AB} = \sqrt{(x_1 - x_2)^2 + (y_1 - y_2)^2}$

 Example 7

已知 $A(1, 6)$，$B(3, 10)$，則 $\overline{AB} = ?$

解　$\overline{AB} = \sqrt{(1-3)^2 + (6-10)^2} = \sqrt{4 + 16} = \sqrt{20} = 2\sqrt{5}$

隨堂練習7 已知$A(3,4)$，$B(1,5)$，$C(2,6)$，則$\overline{AB}$與$\overline{BC}$誰比較長？

至於若要求出介於$\overline{AB}$上某點P之座標，可使用分點公式：

若 $A(x_1, y_1)$ ， $B(x_2, y_2)$ ， $P \in \overline{AB}$ ， $\overline{PA} : \overline{PB} = m : n$ ，則 P 點座標為 $(\dfrac{nx_1 + mx_2}{m + n}, \dfrac{ny_1 + my_2}{m + n})$

分點公式說明如下：

如圖，因為$\triangle ABC$中$\overline{PQ} /\!/ \overline{AC}$，故得 $\dfrac{\overline{PQ}}{\overline{AC}} = \dfrac{\overline{BP}}{\overline{BA}} = \dfrac{\overline{BQ}}{\overline{BC}}$，所以$P$點$x$座標為

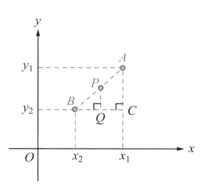

$x_2 + \overline{BQ} = x_2 + \dfrac{n}{m+n}\overline{BC} = x_2 + \dfrac{n}{m+n} \times (x_1 - x_2) =$ $\dfrac{nx_1 + mx_2}{m+n}$，同理可得 P點y座標為 $\dfrac{ny_1 + my_2}{m+n}$ 。

 Example 8

已知 $A(-2, 3)$, $B(4, 5)$, P 為 $\overline{AB}$ 上一點，且 $\overline{PA} : \overline{PB} = 2 : 3$，求 P 之座標？

解 P點x座標為 $\dfrac{3 \times (-2) + 2 \times 4}{2 + 3} = \dfrac{2}{5}$

P點y座標為 $\dfrac{3 \times 3 + 2 \times 5}{2 + 3} = \dfrac{19}{5}$

故 P 之座標為 $(\dfrac{2}{5}, \dfrac{19}{5})$

✏️ 隨堂練習8 已知$A(1,2), B(4,8)$，P為$\overline{AB}$上一點，且$\overline{PA}:\overline{PB}=1:2$，求$P$之座標？

分點公式中的 P 點若為$\overline{AB}$中點時，此時 $m:n=1:1$，故得**中點公式**為 $P(\dfrac{x_1+x_2}{2},\dfrac{y_1+y_2}{2})$

🖊️ **Example 9**

設 $\triangle ABC$ 三邊$\overline{AB},\overline{BC},\overline{CA}$ 上之中點分別為 $D(-1,1),E(4,1),F(2,5)$，求 A,B,C 座標？

🔷 **解** 設 A,B,C 之座標分別為 $A(x_1,y_1),B(x_2,y_2),C(x_3,y_3)$，則

$$\begin{cases} (\dfrac{x_1+x_2}{2},\dfrac{y_1+y_2}{2})=(-1,1) \\ (\dfrac{x_2+x_3}{2},\dfrac{y_2+y_3}{2})=(4,1) \\ (\dfrac{x_1+x_3}{2},\dfrac{y_1+y_3}{2})=(2,5) \end{cases}$$ ，解得 $A(-3,5),B(1,-3),C(7,5)$

隨堂練習9 $\triangle ABC$ 中，D 為 $\overline{BC}$ 中點，E 為 $\overline{AC}$ 中點，$A(2,1)$，$D(-2,3)$，$E(1,4)$，求點 B 座標。

1-3 空間座標

空間座標是在空間中任取一點 O，稱為原點，過 O 點作互相垂直的三條數線，分別稱為 x 軸、y 軸、z 軸。若 P 為空間中的一點，且 P 點在各座標軸的正射影所對應座標分別為 a,b,c，則 P 點的座標為 (a,b,c)。其中 a 稱為 P 點的 x 座標，b 稱為 P 點的 y 座標，c 稱為 P 點的 z 座標。

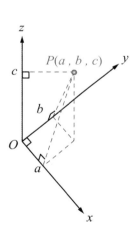

Example 10

將一每邊長皆為 1 單位之正立方體置於空間座標系中，如圖所示，求 $A \sim G$ 各點的座標？

 解 $A(0,0,1)$；$B(1,0,1)$
     $C(1,0,0)$；$D(1,1,0)$
     $E(1,1,1)$；$F(0,1,1)$
     $G(0,1,0)$；

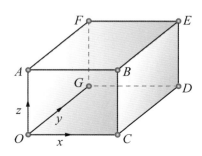

隨堂練習10 將一長方體（長、寬、高分別為10、4、6）置於空間座標系中，如圖所示，求 $A \sim G$ 各點的座標？

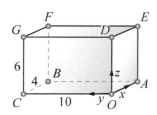

 Example 11

若 $P(2, 3, 4)$，由 P 向 x 軸、y 軸、z 軸各作垂線，分別得垂足 A、B、C，求 A、B、C 之座標，並求 P 至 x 軸、y 軸、z 軸的距離。

解 如圖所示，A、B、C 分別為 $A(2,0,0)$ ， $B(0,3,0)$ ， $C(0,0,4)$

設 P 對 xy 平面之垂足為 D，

則 $\triangle PAD$ 為直角三角形，

得 P 至 x 軸的距離 $\overline{PA} = \sqrt{3^2 + 4^2} = \sqrt{25} = 5$

同理可得 P 至 y 軸的距離 $\overline{PB} = \sqrt{2^2 + 4^2} = \sqrt{20} = 2\sqrt{5}$

P 至 z 軸的距離 $\overline{PC} = \sqrt{2^2 + 3^2} = \sqrt{13}$

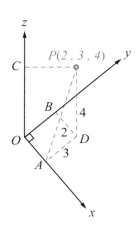

隨堂練習 11　若 $P(1,2,3)$，由 P 向 x 軸、y 軸、z 軸各作垂線，分別得垂足 A、B、C，求 A、B、C 之座標，並求 P 至 x 軸、y 軸、z 軸的距離。

空間座標的距離公式、分點公式、中點公式都與平面座標相似，只是多了一個 z 分量：

設空間中兩點 $A(x_1, y_1, z_1)$，$B(x_2, y_2, z_2)$，

1. 距離公式：$\overline{AB} = \sqrt{(x_1 - x_2)^2 + (y_1 - y_2)^2 + (z_1 - z_2)^2}$。

2. 內分點公式：若 $P \in \overline{AB}$，且 $\overline{PA} : \overline{PB} = m : n$，
   則 P 點座標為 $(\dfrac{nx_1 + mx_2}{m + n}, \dfrac{ny_1 + my_2}{m + n}, \dfrac{nz_1 + mz_2}{m + n})$

3. 中點公式：$\overline{AB}$ 的中點座標為 $(\dfrac{x_1 + x_2}{2}, \dfrac{y_1 + y_2}{2}, \dfrac{z_1 + z_2}{2})$。

 Example 12

設 $A(1,-5,8)$，$B(5,1,-4)$，求 $\overline{AB} = ?$

解　$\overline{AB} = \sqrt{(1-5)^2 + (-5-1)^2 + (8+4)^2} = \sqrt{196} = 14$

隨堂練習 12　設 $A(1,2,3)$，$B(4,2,1)$，求 $\overline{AB} = ?$

Example 13

設 A 的座標為 $(5,0,7)$，B 的座標為 $(-1,-3,1)$，

(1) P 為 $\overline{AB}$ 上之一點，$\overline{AP} = 3\overline{BP}$，求 P 之座標？

(2) Q 為 $\overline{AB}$ 之中點，求 Q 之座標？

 解

(1) 由 $\overline{AP} = 3\overline{BP}$，得 $\overline{AP}:\overline{BP} = 3:1$

故 P 之座標為 $(\dfrac{1 \times 5 + 3 \times (-1)}{3+1}, \dfrac{1 \times 0 + 3 \times (-3)}{3+1}, \dfrac{1 \times 7 + 3 \times 1}{3+1}) = (\dfrac{1}{2}, -\dfrac{9}{4}, \dfrac{5}{2})$

(2) Q 之座標為 $(\dfrac{5-1}{2}, \dfrac{0+(-3)}{2}, \dfrac{7+1}{2}) = (2, -\dfrac{3}{2}, 4)$

 隨堂練習 **13** 設 A 的座標為 $(1,0,4)$，B 的座標為 $(6,0,9)$，

(1) P 為 $\overleftrightarrow{AB}$ 上之一點，$\overline{AP}:\overline{PB} = 3:2$，求 P 之座標？

(2) Q 為 $\overline{AB}$ 之中點，求 Q 之座標？

數學家的故事一

歐幾里得（Euclid, 325B.C.～265B.C.）

～ 幾何學中沒有君王之路 ～

　　歐幾里得是古希臘時代一位偉大的數學家，他所寫的《幾何原本》一書有系統介紹了直線、圓、三角形、多邊形、面積、比例等等幾何問題，討論問題時充分運用假設、演繹等邏輯推理，該書可說是幾何學中的聖經，對於往後幾何學發展之影響十分深遠。

　　當時的國王是托勒密王，歐幾里得曾給托勒密王講授幾何學。有一次托勒密王問歐幾里得，除了《幾何原本》之外，還有沒有其他學習幾何學的捷徑。歐幾里得就用「幾何學中沒有君王之路」(There is no royal road to geometry)的話回答，意思是說在幾何學裡，沒有專門為國王鋪設的捷徑。後來這句話被推廣為「求知無坦途」，成為千古傳誦的名言。

　　另有一則故事，有一天歐幾里得新收了一位學生，這位學生才學沒多久，就問歐幾里得學了幾何學之後，他會得到什麼。歐幾里得就說：「給他三個錢幣，因為他想在學習中謀取實利」。可見知識與真理才是歐幾里得一生追求的目標，而名利與財富則如過往雲煙。

　　相傳有一個歐幾里得提出的有趣問題，大家可以想一想：騾子和驢子都背負著穀物，騾子對驢子說：「如果你把背負的穀物給我一包，我背負的穀物就是你的兩倍。可是，如果我給你一包，咱倆就一樣了。」請猜一猜，牠們各背負多少包的穀物？

騾子

驢子

習 題

1-1

1. 如右圖，一數線上，A、B 兩點分別表示4與10，若 P 點是 $\overline{AB}$ 的五等分點當中一點，則 P 點表示的數為多少？

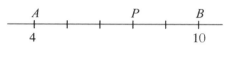

2. 如右圖，數線上 A 點表示的數是？

3. 在數線上，A 點表示的數為3，則與 A 點的距離為4的點表示的數為？

4. 小花由原點向右走10公尺，到達 A 點表示的數為+10，再向左走？公尺，到達 B 點，表示的數為−10。

5. 若 A、B、C、D 是數線上的四個點，分別為−6、−1、3、9，求 $\overline{AB}$、$\overline{BC}$、$\overline{AD}$、$\overline{CD}$ 的長各為多少？

1-2

6. 若點 (a,ab) 在第二象限，則點 (ab,b) 在第？象限。

7. 座標平面上已知兩點 $A(2,1)$，$B(3,5)$，若點 P 在 y 軸上，且使得 $\overline{PA}=\overline{PB}$，求點 P 座標。

8. 設 $A(-4,-3)$，$B(1,-1)$，$C(3,4)$，若四邊形 $ABCD$ 為平行四邊形，則 D 點在第二象限，則 D 點座標為？

9. 設 $A(2,1)$，$B(-1,4)$，若 C 在 $\overline{AB}$ 上，且 $\overline{AC}=\dfrac{1}{2}\overline{BC}$，則 C 點座標為？

10. 若 $A(4,n)$ 與 $B(4,1-2n)$ 兩點相距5個單位，且 $n>0$，則 $n=$？

11. 設 $A(1,2)$，$B(-1,1)$，$C(3,a)$，若 ΔABC 為直角三角形，且 $\angle A$ 為直角，求 $a=$？

1-3

12. 如圖，$ABCD-EFGH$ 為一長方體，已知 $\overline{AB}=4$，$\overline{AD}=5$，$\overline{AE}=2$，試分別求出 A、B、C、D、E、F、G、H 的座標。

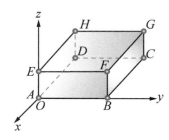

13. 座標空間中，已知 $A(3,1,3)$，$B(0,1,-1)$ 兩點，試求 $\overline{AB}$ 長度。

14. 已知 $A(5,0,0)$，$B(0,2,0)$ 為座標空間中的相異兩點，C 為 z 軸上一點。若 $\overline{AC}=2\overline{BC}$，試求 C 點座標。

15. 設點 $P(a,b,c)$，已知 a，b，c 皆為正，且點 P 到 x 軸、y 軸及 z 軸的距離分別為 $\sqrt{26}$、$\sqrt{34}$ 及 $\sqrt{10}$，求點 P 的座標.。

16. 已知 $A(-1,4,-1)$，$B(2,1,5)$ 為座標空間中的相異兩點，P 點在線段 AB 上，且 $\overline{PA}:\overline{PB}=2:1$，試求 P 點座標。

17. 已知 $A(1,1,1)$，$B(2,4,3)$，$C(5,3,3)$ 為座標空間中的三點，試求 D 點的座標使 $ABDC$ 為平行四邊形。

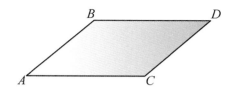

· 進階題 ·

1. 螞蟻和瓢蟲比賽由 A 點到 B 點。螞蟻只能在長方體的表面上爬行，瓢蟲可以在長方體內部飛行。若螞蟻的速率是瓢蟲的 1.2 倍，試問若皆走最短路徑，誰先抵達 B 點？

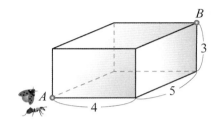

2. 已知空間中四點 $A(0,3,3)$，$B(3,0,3)$，$C(3,3,0)$，D 為正四面體的四個頂點，求 D 點的座標。

MEMO

線性規劃

2

CHAPTER

　　線性規劃(Linear Programming)是一種決策工具，在滿足限制條件下，藉以決定如何將有限的資源作最有效的分配與運用，期望能以最低的代價，獲得最高的效益。

　　自1940年代線性規劃被提出來之後，是作業研究中最普遍而有效的模型之一，應用在在工業、經濟以及社會科學等眾多領域都得到了良好的成果，此外尚有專門的電腦程式可用來解決線性規劃的問題，使得線性規劃在解決生活中的實際問題上具有相當的價值。

　　線性規劃所能解決的問題通常包含下列特性：

1. 其目的為將某個相依變數極大化或極小化，該相依變數可以由線性的目標函數所定義，通常代表某種經濟上或機能上的目標，如利潤、產量、成本或品質指標等等。

2. 目標函數中含有許多變數，這些變數的數值描述不同的決策可能性，通常代表某種資源的使用數量如資金、時間、人力、材料等等達成目標所必須使用的項目。

3. 對資源的使用有許多條件的限制，其限制內容可以用線性的等式或不等式來描述。

　　線性規劃模型由下列三個部分組成：

(1)　一組決策變數(A set of decision variables)。

(2)　一個特定的目標函數(An objective function)。

(3)　一組「線性」的限制式(A set of linear constraints)。

　　我們以一個例子說明何謂決策變數、目標函數與線性限制式：

範 例

　　設 x、y 滿足不等式 $4x-y-7\leq0$、$3x-4y+11\geq0$、$x+3y-5\geq0$，求 $f(x,y)=2x+5y$ 之最大值。

由上述範例中可得：

(1) 決策變數為 x、y。

(2) 目標函數為 $f(x, y) = 2x + 5y$。

(3) 線性限制式為 $4x - y - 7 \leq 0$、$3x - 4y + 11 \geq 0$、$x + 3y - 5 \geq 0$。

其中線性限制式如 $4x - y - 7 \leq 0$、$3x - 4y + 11 \geq 0$、$x + 3y - 5 \geq 0$ 為二元一次不等式，故下個單元將先從二元一次不等式說起。

2-1 二元一次不等式

$ax + by = c$ 為二元一次方程式，又稱為線性方程式，因其圖形在平面座標上為一直線。而二元一次不等式包含下列四種，且其圖形為半平面：

設直線 L：$ax + by = c$，則

1. 若 $ax + by > c$

⇒圖形為 L 某側的半平面。

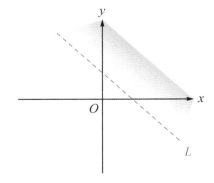

2. 若 $ax + by < c$

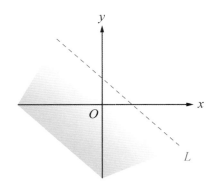

⇒圖形為 L 另一側的半平面。

3. 若 $ax + by \geq c$

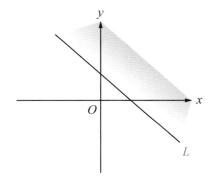

⇒圖形為 L 及 L 某側的半平面。

4. 若 $ax + by \leq c$

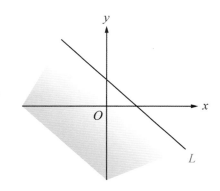

⇒圖形為 L 及 L 另一側的半平面。

　　至於如何判別二元一次不等式的圖形位於直線哪一側的半平面，方法是找尋不在直線上的點(x, y)（一般是利用原點），代入二元一次不等式，如果不等式成立，那麼半平面就與點的同側；如果不等式不成立，那麼半平面就在點的另一側。

Example 1

圖示二元一次不等式 $x - y < 2$ 的解。

 步驟1：先畫出 $x - y = 2$ 的直線，因為不等式沒有等號，故用虛線

x	2	0
y	0	-2

步驟2：將原點$(0, 0)$之座標代入 $x - y < 2$，得 $0 - 0 < 2$，不等式成立，故半平面就與原點同側，$x - y < 2$ 的圖形如圖中所示之陰影區域。

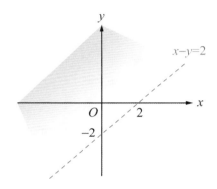

 隨堂練習┃圖示二元一次不等式 $x + y > 1$ 的解

 Example 2

圖示二元一次聯立不等式 $\begin{cases} x - 2y < 4 \\ x \geq -1 \end{cases}$ 的解。

解 步驟1：畫出 $x - 2y < 4$ 的圖

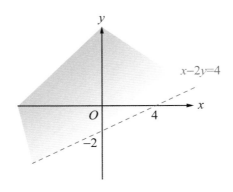

步驟2：畫出 $x \geq -1$ 的圖

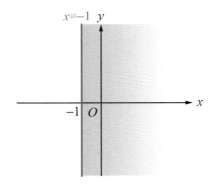

步驟3：將 $x - 2y < 4$ 與 $x \geq -1$ 圖形重疊，

可得 $\begin{cases} x - 2y < 4 \\ x \geq -1 \end{cases}$ 的圖解，

如圖中所示之陰影區域

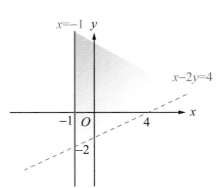

✏️ 隨堂練習 2 圖示二元一次聯立不等式 $\begin{cases} 4x+3y \leq 12 \\ y \geq 0 \\ y \leq 2x+4 \end{cases}$ 的解。

2-2 🚀 線性規劃

當決策變數只有兩個時，可使用圖解法來解決線性規劃的問題，其流程如下：

1. 先畫出限制式（二元一次聯立不等式）的圖形（稱為可行區域）。

2. 目標函數 $f(x,y)=ax+by+c$ 的極值會出現在可行區域（必須為凸多邊形）的角點上。

🖌️ *Example 3*

在 $\begin{cases} x+y \leq 2 \\ x-3y \leq 3 \\ x \geq -1 \end{cases}$ 的限制條件下求 $f(x,y)=x+2y$ 的最大值與最小值？

解 限制式 $\begin{cases} x+y \le 2 \\ x-3y \le 3 \\ x \ge -1 \end{cases}$ 的圖形如圖中所示之

陰影區域，分別求 $\begin{cases} x+y=2 \\ x-3y=3 \end{cases}$ 、

$\begin{cases} x+y=2 \\ x=-1 \end{cases}$ 、 $\begin{cases} x-3y=3 \\ x=-1 \end{cases}$ 之聯立解，得三

個角點 $(\frac{9}{4},-\frac{1}{4})$ 、 $(-1,3)$ 、 $(-1,-\frac{4}{3})$ ，將角

點座標代入目標函數 $f(x,y)=x+2y$ ，比

較 $\frac{7}{4},5,-\frac{11}{3}$ 三個目標函數值以5最大，

$-\frac{11}{3}$ 最小，故最大值為5，最小值為 $-\frac{11}{3}$

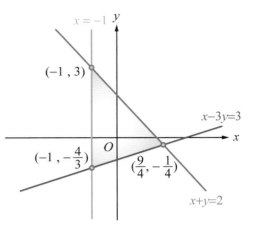

(x,y)	$(\frac{9}{4},-\frac{1}{4})$	$(-1,3)$	$(-1,-\frac{4}{3})$
$x+2y$	$\frac{7}{4}$	5	$-\frac{11}{3}$

隨堂練習3 在 $\begin{cases} 4x-3y \le 12 \\ y \ge 0 \\ y \le 2x+4 \end{cases}$ 的限制條件下求 $f(x,y)=2x+y$ 的最大值

與最小值？

在 $\begin{cases} x \geq 0 \\ y \geq 0 \\ 3x + 2y - 12 \leq 0 \\ x + y - 2 \geq 0 \end{cases}$ 的限制條件下求 $f(x,y) = 2x + y - 1$ 的最大值與最小值？

 解 限制式 $\begin{cases} x \geq 0 \\ y \geq 0 \\ 3x + 2y - 12 \leq 0 \\ x + y - 2 \geq 0 \end{cases}$ 的圖形如

圖中所示之陰影區域，分別求

$\begin{cases} x = 0 \\ 3x + 2y - 12 = 0 \end{cases}$ 、 $\begin{cases} x = 0 \\ x + y - 2 = 0 \end{cases}$ 、

$\begin{cases} y = 0 \\ x + y - 2 = 0 \end{cases}$ 、 $\begin{cases} y = 0 \\ 3x + 2y - 12 = 0 \end{cases}$

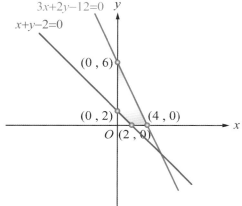

之聯立解，得四個角點 $(0,6)$ 、 $(0,2)$ 、 $(2,0)$ ， $(4,0)$

將角點座標代入目標函數 $f(x,y) = 2x + y - 1$ ，比較 5、1、3、7 四個目標

函數值以 7 最大，1 最小，故最大值為 7，最小值為 1

(x, y)	$(0, 6)$	$(0, 2)$	$(2,0)$	$(4,0)$
$2x + y - 1$	5	1	3	7

隨堂練習 4　在 $\begin{cases} x \geq 0 \\ y \geq 0 \\ x - y \leq 1 \\ x - 2y \geq -2 \end{cases}$ 的限制條件下求 $x + 2y - 3$ 的最大值與最小

值？

2-3　線性規劃的應用問題

　　線性規劃的解題過程依循著一定的模式，這種模式廣泛運用在經濟問題分析上，根據統計超過一半以上公司會使用線性規劃的解題模式，作為公司決策的參考。

　　但在解線性規劃的應用問題上，讀者必須要先能從題目中找出限制式與目標函數，而這個能力有賴於對題目內容的熟悉與充份練習。

Example 5

史努比公司製造1噸產品 A，需甲原料2噸，乙原料4噸；又製造1噸產品 B，需甲原料6噸，乙原料2噸，此公司每個月的原料分配為甲原料200噸，乙原料100噸，若產品 A 每噸可獲利30萬元，產品 B 每噸可獲20萬元，若欲使獲利最大時，A、B 產品每月各生產幾噸？並求此最大獲利。

設 A 產品每月生產 x 噸，B 產品每月生產 y 噸，

則限制式為 $\begin{cases} x \geq 0 \\ y \geq 0 \\ 2x + 6y \leq 200 \\ 4x + 2y \leq 100 \end{cases}$ ，

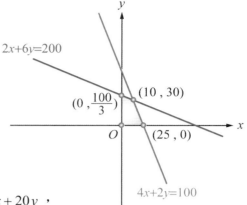

目標函數為 $f(x, y) = 30x + 20y$ ，

且題目在求目標函數之最大值。

可行區域如圖中所示之陰影區域，

將角點座標代入目標函數 $f(x, y) = 30x + 20y$ ，

(x, y)	$(0, 0)$	$(25, 0)$	$(10, 30)$	$(0, \frac{100}{3})$
$30x + 20y$	0	750	900	$\frac{2000}{3}$

當 $(x, y) = (10, 30)$ 時，目標函數之最大值為 900 ，故 A 產品每月生產 10 噸，

B 產品每月生產 30 噸，此時獲利最大為 900（萬元）

✏️ 隨堂練習**5** 桃樂比公司製造 1 噸產品 A ，需甲原料 4 噸，乙原料 1 噸；又製造 1 噸產品 B ，需甲原料 1 噸，乙原料 2 噸，此公司每個月的原料分配為甲原料 100 噸，乙原料 60 噸，若產品 A 每噸可獲利 10 萬元，產品 B 每噸可獲 5 萬元，若欲使獲利最大時，A、B 產品每月各生產幾噸？並求此最大獲利。

 Example 6

大大公司有甲、乙兩座倉庫，儲存某種原料，甲倉庫存有原料48公斤，乙倉庫存有原料60公斤，今公司接到 A、B 兩地訂購原料，分別是 A 地訂購36公斤，B 地訂購44公斤，公司洽商送貨公司得知運費如下表，最後該公司如何決策，才能使得運費為最少。

 設甲倉庫出貨 x 公斤到 A 地，出貨 y 公斤到 B 地；則乙倉庫出貨 $36-x$ 公斤到 A 地，出貨 $44-y$ 公斤到 B 地

則限制式為
$$\begin{cases} x \geq 0 \\ y \geq 0 \\ 36 - x \geq 0 \\ 44 - y \geq 0 \\ x + y \leq 48 \\ (36-x)+(44-y) \leq 60 \end{cases}$$

	A 地	B 地
甲倉	500元/公斤	600元／公斤
乙倉	650元/公斤	700元／公斤

整理得
$$\begin{cases} x \geq 0 \\ y \geq 0 \\ x \leq 36 \\ y \leq 44 \\ x + y \leq 48 \\ x + y \geq 20 \end{cases},$$

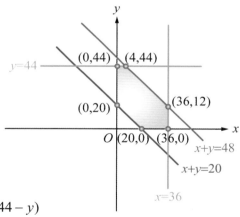

又目標函數為
$$f(x,y) = 500x + 600y + 650(36-x) + 700(44-y)$$
$$= 54200 - 150x - 100y$$

且題目在求目標函數之最小值。

可行區域如圖中所示之陰影區域，

將角點座標代入目標函數 $f(x,y) = 54200 - 150x - 100y$

(x, y)	(20, 0)	(36, 0)	(36, 12)	(4, 44)	(0, 44)	(0, 20)
$54200 - 150x - 100y$	51200	48800	47600	49200	49800	52200

當 $(x, y) = (36, 12)$ 時，目標函數之最小值為47600，

故甲倉庫出貨36公斤到 A 地，出貨12公斤到 B 地；乙倉庫不出貨到 A 地，

出貨32公斤到 B 地，此時運費最少為47600（元）。

✏️ 隨堂練習6　龍貓公司有甲、乙兩座倉庫，儲存某種原料，甲倉庫存

有原料20公斤，乙倉庫存有原料25公斤，今公司接到A、B兩地訂購原料，

分別是A地訂購20公斤，B地訂購10公斤，公司洽商送貨公司得知運費如下

表，最後該公司如何決策，才能使得運費為最少。

	A 地	B 地
甲倉	500元/公斤	300元/公斤
乙倉	200元/公斤	400元/公斤

　　若決策變數為兩個以上時，使用圖解法來解決線性規劃的問題就會變得

複雜，因為此時面對的可行區域不再是二維平面，而是多維空間，多維空間的

圖形往往超乎人類想像。

　　所幸除了圖解法以外，尚有其他方法可以解決兩個以上決策變數的線性規劃問題，這些方法包括單形法、橢球法、內點法等，由這些方法還衍生了相配合的電腦軟體可以運用，使得線性規劃成為決策分析的重要依據。但囿於本書的篇幅所限，在此無法對這些方法一一說明。

數學家的故事二

阿基米得(Archimedes，287B.C.～212B.C.)
～ 給我一個支點，我就能夠舉起地球 ～

　　大家都知道阿基米得是古代一位有名的科學家，而他最為人熟知的故事，便是為國王辨別皇冠是否為純金打造。國王要阿基米得在不損壞皇冠的條件下，判斷出皇冠是否摻了銀，一開始阿基米得苦思良久，還是沒有好辦法，有一天當他在洗澡的時候，水從澡盆溢滿出來，這事給了他靈感，他興奮地連衣服都沒穿就跑到街上大喊：「我知道了！我知道了！」阿基米德立刻進宮，在國王面前將與皇冠一樣重的金塊、銀塊和皇冠，分別放在水盆裡，只見金塊排出的水量比銀塊排出的水量少，而皇冠排出的水量比金塊排出的水量多。阿基米德就肯定地對國王說：「皇冠裡摻了銀子！」，這就是浮力原理的由來。

　　阿基米得除了發現了浮力原理以外，也發現了槓桿定律，他曾經自豪地說：「給我一個適當的支點，我就能夠舉起地球」。相傳他為了抵抗羅馬人入侵他的國家希臘，所以設計了一種拋石器，可以將大石拋到遠處，此外有一次當羅馬人派出戰艦進攻時，阿基米德就指揮大家拿著鏡子，把反射的陽光對準軍艦上的布篷，使得敵人軍艦著火而敗退。所以當時阿基米得是個廣為國人敬重的科學家與發明家。

　　其實阿基米得除了是個科學家與發明家，事實上他也是個數學家，傳說歐幾里得就是他的老師，阿基米得在數學方面的成就卓著，例如他求得圓周率 π 的估計值介於3.14163和3.14286之間，此外他也發明了求出圓面積、球面積、球體積的方法。這些數學上的貢獻使得阿基米得成為繼歐幾里得之後另一個偉大的數學家。

MEMO

習 題

2-1

1. 圖示下列各二元一次不等式的解：

(1) $x \leq 0$　(2) $y > 0$　(3) $x + 4 \leq 5$　(4) $2x - y \geq 0$　(5) $x + y - 6 > 0$

2. 圖示下列各二元一次聯立不等式的解：

(1) $\begin{cases} x + y \leq 2 \\ y < 3 \end{cases}$　(2) $\begin{cases} x - y \leq 4 \\ x \geq 0 \\ y \geq 0 \end{cases}$　(3) $\begin{cases} 2x + 3y < 6 \\ y \geq 1 \\ x > -3 \end{cases}$

(4) $\begin{cases} 2x - y \leq 1 \\ x + y \geq 1 \end{cases}$　(5) $\begin{cases} x + y \geq 2 \\ x - y \leq 0 \\ y + 1 \leq 6 \end{cases}$

3. 試繪出滿足 $\begin{cases} 0 \leq x \leq 4 \\ x + y \leq 3 \\ x - y \leq 2 \end{cases}$ 條件下之圖形？

2-2

4. 設 x、y 滿足不等式 $0 \leq x \leq 4$，$x + y \leq 3$，$x - y \leq 2$，求所圍成區域的面積。

5. 同時滿足條件 $x \geq 0$、$y \geq 0$ 及 $2x + 3y \leq 12$ 的條件下，求所圍成區域的面積。

6. 同時滿足條件 $x \geq 0$、$y \geq 0$ 及 $2x + 3y \leq 12$ 的條件下，$f(x, y) = x + y$ 的最大值為多少？

7. 同時滿足條件 $2 \leq x \leq 5$，$x + y \leq 8$，$y \geq 0$ 的條件下，求所圍成區域的面積。

8. 同時滿足條件 $2 \leq x \leq 5$，$x + y \leq 8$，$y \geq 0$ 的條件下，$f(x, y) = 2x - y + 3$ 的最小值為多少？

2-3

9. 設點 $P(x,y)$ 是右圖三角形區域(含邊界)上的點，求
   (1)$3x-2y$　　(2)$\dfrac{x}{y}$ 的最大值與最小值。

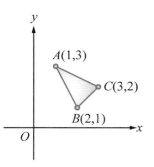

10. 大雄打算投資甲乙兩項目，根據預測，甲乙兩項目的可能獲利率為100%與50%，可能的虧損率為30%與10%，大雄計畫投資金額不超過10萬元，希望虧損金額不超過1.8萬元，則大雄應投資甲乙兩項目各多少元，才能獲得最大利潤？

11. 小明帶了30000元，開著載重量為1000公斤的貨車去批水果，若水梨與橘子的買進價格分別為每公斤60元與20元，賣出價格分別為每公斤80元與30元，問他應該買進水梨與橘子各多少公斤，方使收益最大？

12. 大大公司招募新員工，共有160人參加筆試，筆試場地向某高中租用教室，該校可租用大教室5間，每間可容納40人且租金為500元；小教室有6間，每間可容納20人且租金為150元，因為監考人員有限，筆試場地不能超過6間，該公司要租幾間大教室與小教室，才能最省租金？

13. 有一家玩具製造工廠，專為兩家便利商店生產茶杯組。完成一套全家的阿朗基茶杯組，利潤為200元，需要 A 原料5公斤與 B 原料1公斤；完成一套7-11的憤怒鳥茶杯組，利潤為300元，則需要 A 原料8公斤與 B 原料1公斤。但工廠這個月的原料只剩 A 原料80公斤與 B 原料13公斤，請問工廠該如何出貨得到最大獲利呢？

14. 某貨運公司有載重 4 噸的小貨車 7 輛，載重 5 噸的大貨車 4 輛，及 9 名司機，現在受託每天至少要運送 30 噸的煤，設運送一趟的成本，小貨車需花費 500 元，大貨車需花費 800 元，則公司如何調派才能使成本最節省？花費多少元？

· **進階題** ·

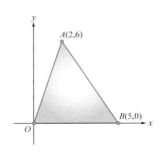

1. 二元一次聯立不等式 $\begin{cases} y \geq 0 \\ ax + by \leq 10 \\ 3x + cy \geq 0 \end{cases}$ 的圖形如右

   圖，求 a，b，c？

2. 請畫出 $|x| + |y| \leq 2$ 的圖形，並求所圍成區域的面積。

3. 求聯立不等式 $\begin{cases} x \geq 0 \\ y \geq 0 \\ x + y \leq 3 \\ 2x + y \leq 5 \end{cases}$ 當中 (x, y) 有多少組整數解。

MEMO

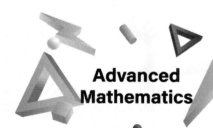

3 CHAPTER

三角函數

3-1　有向角及其度量

3-1-1　有向角

角度本來沒有方向，但我們若加入逆時針旋轉或順時針旋轉的概念後，就會使得角度產生方向，這就是所謂的有向角。

如圖，在平面上任取一射線 $\overrightarrow{OA}$，以 O 作旋轉中心，自始邊 $\overrightarrow{OA}$ 旋轉到終邊 $\overrightarrow{OB}$，所形成的 $\angle AOB$ 稱為有向角。逆時針旋轉時，有向角取正；順時針旋轉時，有向角取負。

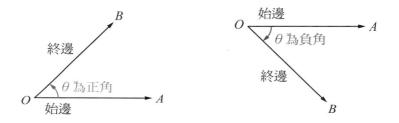

3-1-2　角度的度量

角度的度量單位有角度制與弧度制，分述如下：

1. 角度制

將一圓周分為360等份，每一等份所對應的圓心角稱為一度，記作1°；再將一度分為60等份，每一等份稱為一分，記作1'；若再將一分細分為60等份，每一等份稱為一秒，記作1"。例如55度4分6秒的角度可記為 55° 4' 6"。

度、分、秒具有下列之關係：

(1) 1度 = 60分　(1° = 60')

(2) 1分 = 60秒　(1' = 60")

2. 弧度制（弳度制）

在圓周上取一弧長，使弧長等於半徑，則弧所對應的圓心角稱為一弧度（1弳）。弧度制的單位通常省略，例如10弧度表示為10。

角度制與弧度制之間的換算如下：

$$1° = \frac{\pi}{180} \Rightarrow 直角\ 90° = \frac{\pi}{2} \Rightarrow 平角\ 180° = \pi \Rightarrow 周角\ 360° = 2\pi$$

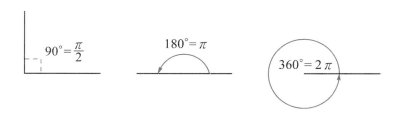

Example 1

將下列各角以弧度來表示：

(1) 30°　　　(2) 120°　　　(3) 45°30'　　　(4) 100°5'30"

 (1) $30° = 30 \times \dfrac{\pi}{180} = \dfrac{\pi}{6}$

(2) $120° = 120 \times \dfrac{\pi}{180} = \dfrac{2}{3}\pi$

(3) $45°30' = (45\dfrac{30}{60})° = (45\dfrac{1}{2})° = (45\dfrac{1}{2}) \times \dfrac{\pi}{180} = \dfrac{91}{360}\pi$

(4) $100°5'30" = 100°5.5' = (100\dfrac{5.5}{60})° = (\dfrac{12011}{120})°$

$\qquad\qquad = \dfrac{12011}{120} \times \dfrac{\pi}{180} = \dfrac{12011}{21600}\pi$

隨堂練習1 將下列各角以弧度來表示：

(1) 10°　　　(2) 60°　　　(3) 20°30'　　　(4) 90°10'30"

 Example 2

將下列各弧度角以度來表示：

(1) 4π　　　(2) $\dfrac{3}{2}\pi$　　　(3) 4　　　(4) 10

解　由 $1° = \dfrac{\pi}{180}$，可得 $1 = (\dfrac{180}{\pi})°$，故

(1) $4\pi = 4\pi \times (\dfrac{180}{\pi})° = 720°$

(2) $\dfrac{3}{2}\pi = \dfrac{3}{2}\pi \times (\dfrac{180}{\pi})° = 270°$

(3) $4 = 4 \times (\dfrac{180}{\pi})° = (\dfrac{720}{\pi})°$

(4) $10 = 10 \times (\dfrac{180}{\pi})° = (\dfrac{1800}{\pi})°$

 隨堂練習2 將下列各弧度角以度來表示：

(1) $\dfrac{\pi}{2}$　　　(2) $\dfrac{\pi}{4}$　　　(3) $\dfrac{\pi}{6}$　　　(4) 1

3-1-3 同界角

在有向角中，有相同始邊及終邊的角，互稱為同界角。兩個同界角之間一定相差360°的倍數，如下圖中的400°角與40°角，330°角與−30°角都是一對同界角。

同界角之間相差360°的倍數，此關係可用下式表示：

設∠*A*、∠*B* 互為同界角 ⇒ $\left| \angle A - \angle B \right| = n \times 360° \ (n \in Z)$

Example 3

判斷110°的同界角包括下列哪些角度？

(A)10°　(B)220°　(C)470°　(D) −10°　(E) −250°

解　兩個同界角之間一定相差360°的倍數，故答案為 C、E

 隨堂練習**3** 判斷300°的同界角包括下列哪些角度？

(A)1020°　(B)180°　(C)60°　(D) −60°　(E) −100°

3-2 三角函數定義與基本關係

3-2-1 銳角三角函數定義

古代為了解決幾何上的測量問題，於是產生了以直角三角形為基礎的三角函數，也就是銳角的三角函數，後來再經其他數學家的努力，將銳角的三角函數擴展成任意角，也就是所謂廣義角的三角函數。如今三角函數的應用甚廣，舉凡天文、物理、航海、航空、建築、工程等等都會用到。

銳角三角形 ABC 中，若 $\angle C = 90°$，則定義 $\angle A$ 的六個三角函數如下：

$\sin A = \dfrac{\overline{BC}}{\overline{AB}}$（正弦函數）。

$\cos A = \dfrac{\overline{AC}}{\overline{AB}}$（餘弦函數）。

$\tan A = \dfrac{\overline{BC}}{\overline{AC}}$（正切函數）。

$\cot A = \dfrac{\overline{AC}}{\overline{BC}}$（餘切函數）。

$\sec A = \dfrac{\overline{AB}}{\overline{AC}}$（正割函數）。

$\csc A = \dfrac{\overline{AB}}{\overline{BC}}$（餘割函數）。

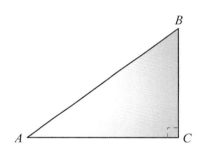

Example 4

直角三角形 ABC 中，$\angle C = 90°$，$\overline{AC} = 4$，$\overline{BC} = 3$，求角 A 之六個三角函數？

解 斜邊 $\overline{AB} = \sqrt{4^2 + 3^2} = \sqrt{25} = 5$，

故 $\sin A = \dfrac{3}{5}$，$\cos A = \dfrac{4}{5}$，$\tan A = \dfrac{3}{4}$，

$\cot A = \dfrac{4}{3}$，$\sec A = \dfrac{5}{4}$，$\csc A = \dfrac{5}{3}$。

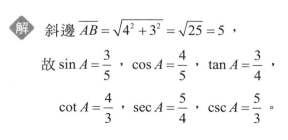

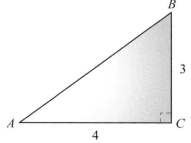

隨堂練習 **4** 同例 4，求角 B 之六個三角函數？

按照上述銳角三角函數定義，我們可得下列特殊角之三角函數值

特殊角之三角函數值

	15°	30°	45°	60°
$\sin\theta$	$\dfrac{\sqrt{6}-\sqrt{2}}{4}$	$\dfrac{1}{2}$	$\dfrac{\sqrt{2}}{2}$	$\dfrac{\sqrt{3}}{2}$
$\cos\theta$	$\dfrac{\sqrt{6}+\sqrt{2}}{4}$	$\dfrac{\sqrt{3}}{2}$	$\dfrac{\sqrt{2}}{2}$	$\dfrac{1}{2}$
$\tan\theta$	$2-\sqrt{3}$	$\dfrac{1}{\sqrt{3}}$	1	$\sqrt{3}$

 Example 5

如圖之30°–60°–90°之直角三角形，三邊

之比例關係為 $2：1：\sqrt{3}$，試由此圖證明

$\sin 15° = \dfrac{\sqrt{6}-\sqrt{2}}{4}$。

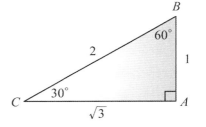

 作 $\overline{AC}$ 之延伸線 $\overline{CD}$，使 $\overline{CD}=\overline{BC}=2$，故 $\triangle BCD$ 為等腰 $\triangle$，

且 $\angle CDB = \angle CBD = 15°$，根據畢氏定理可得

$$\overline{BD} = \sqrt{\overline{AD}^2 + \overline{AB}^2}$$

$$= \sqrt{(2+\sqrt{3})^2 + 1^2} = \sqrt{8+4\sqrt{3}}$$

$$= \sqrt{8+2\sqrt{12}} = \sqrt{(\sqrt{6}+\sqrt{2})^2} = \sqrt{6}+\sqrt{2}$$

故 $\sin 15° = \dfrac{\overline{AB}}{\overline{BD}} = \dfrac{1}{\sqrt{6}+\sqrt{2}} = \dfrac{\sqrt{6}-\sqrt{2}}{(\sqrt{6}+\sqrt{2})(\sqrt{6}-\sqrt{2})} = \dfrac{\sqrt{6}-\sqrt{2}}{4}$

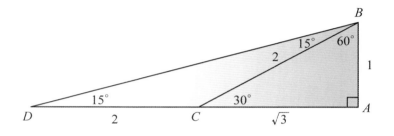

 隨堂練習 5　根據上例，證明 $\cos 15° = \dfrac{\sqrt{6}+\sqrt{2}}{4}$。

Example 6

求 $(\sin\dfrac{\pi}{6} + \cos\dfrac{\pi}{3})(\tan\dfrac{\pi}{6} + \cot\dfrac{\pi}{3})$

解　$(\sin\dfrac{\pi}{6} + \cos\dfrac{\pi}{3})(\tan\dfrac{\pi}{6} + \cot\dfrac{\pi}{3})$

$= (\dfrac{1}{2} + \dfrac{1}{2})(\dfrac{1}{\sqrt{3}} + \dfrac{1}{\sqrt{3}}) = \dfrac{2}{\sqrt{3}} = \dfrac{2}{3}\sqrt{3}$

隨堂練習6 求 $\tan\dfrac{\pi}{4}+\sin\dfrac{\pi}{6}=?$

3-2-2 三角函數的關係

按照上述銳角三角函數定義，我們可得三角函數具有下列關係：

1. 平方關係式： $\sin^2\theta+\cos^2\theta=1$ ， $1+\tan^2\theta=\sec^2\theta$ ， $1+\cot^2\theta=\csc^2\theta$ 。

2. 倒數關係式： $\sin\theta\cdot\csc\theta=1$ ， $\cos\theta\cdot\sec\theta=1$ ， $\tan\theta\cdot\cot\theta=1$ 。

3. 商數關係式： $\tan\theta=\dfrac{\sin\theta}{\cos\theta}$ ， $\cot\theta=\dfrac{\cos\theta}{\sin\theta}$ 。

4. 餘角關係式： $\sin\theta=\cos(90°-\theta)$ ， $\cos\theta=\sin(90°-\theta)$ ， $\tan\theta=\cot(90°-\theta)$ ，
   $\cot\theta=\tan(90°-\theta)$ ， $\sec\theta=\csc(90°-\theta)$ ， $\csc\theta=\sec(90°-\theta)$ 。

上述三角函數的關係可用右方之圖加以記憶，
可收事半功倍之效。

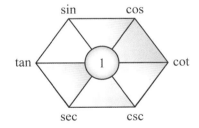

Example 7

設 θ 為銳角，求 $\dfrac{\sin\theta\cdot\csc\theta+\tan^2\theta}{\sec^2\theta}=?$

解 $\dfrac{\sin\theta\cdot\csc\theta+\tan^2\theta}{\sec^2\theta}=\dfrac{1+\tan^2\theta}{\sec^2\theta}=\dfrac{\sec^2\theta}{\sec^2\theta}=1$

隨堂練習**7** 設 θ 為銳角，若 $1 - \sin^2 \theta = 2 \sin \theta \cos \theta$，求角度 θ 之值。

 Example 8

設 θ 為銳角， $\tan \theta = x$ ，則 $\sin \theta = ?$

解 由 $1 + \tan^2 \theta = \sec^2 \theta \Rightarrow \sec \theta = \sqrt{1 + \tan^2 \theta} = \sqrt{1 + x^2}$

由 $\cos \theta \cdot \sec \theta = 1 \Rightarrow \cos \theta = \dfrac{1}{\sec \theta} = \dfrac{1}{\sqrt{1 + x^2}}$

由 $\sin^2 \theta + \cos^2 \theta = 1$

$\Rightarrow \sin \theta = \sqrt{1 - \cos^2 \theta} = \sqrt{1 - \dfrac{1}{1 + x^2}} = \sqrt{\dfrac{x^2}{1 + x^2}} = \dfrac{x}{\sqrt{1 + x^2}}$

 隨堂練習**8** 設 θ 為銳角， $\sin \theta = x$ ，則 $\tan \theta = ?$

 **Example 9**

θ 為銳角，$\tan\theta + \sec\theta = 3$，則 $\cos\theta = ?$

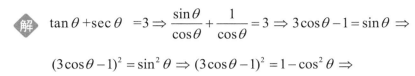 $\tan\theta + \sec\theta = 3 \Rightarrow \dfrac{\sin\theta}{\cos\theta} + \dfrac{1}{\cos\theta} = 3 \Rightarrow 3\cos\theta - 1 = \sin\theta \Rightarrow$

$(3\cos\theta - 1)^2 = \sin^2\theta \Rightarrow (3\cos\theta - 1)^2 = 1 - \cos^2\theta \Rightarrow$

$10\cos^2\theta - 6\cos\theta = 0 \Rightarrow \cos\theta(5\cos\theta - 3) = 0 \Rightarrow$

$\cos\theta = 0$（不合），$\dfrac{3}{5}$

 隨堂練習 9

θ 為銳角，$\sin\theta - \cos\theta = \dfrac{1}{2}$，則 $\sin\theta \times \cos\theta = ?$

3-3 🧭 廣義角的三角函數與其圖形

3-3-1 廣義角的三角函數

設 θ 為有向角，把它的頂點放在原點，始邊放在 x 軸的正向上，然後看它的終邊落在何處，

如圖所示，$P(x, y)$ 為其終邊上的一點（但 $P \neq O$），$r = \overline{OP} = \sqrt{x^2 + y^2}$，則定義 θ 的三角函數為：

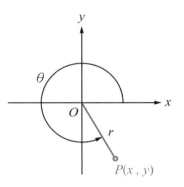

$$\sin\theta = \frac{y}{r}, \qquad \cos\theta = \frac{x}{r},$$

$$\tan\theta = \frac{y}{x}\,(x \neq 0), \qquad \cot\theta = \frac{x}{y}\,(y \neq 0),$$

$$\sec\theta = \frac{r}{x}\,(x \neq 0), \qquad \csc\theta = \frac{r}{y}\,(y \neq 0)$$

上述三角函數的定義由於不再侷限銳角，而可為任意角，故稱為廣義角的三角函數。

📐 Example 10

試求 (1) $\sin 120°$ (2) $\tan 300°$

解 (1) ∵ $P(x, y) = (-\frac{1}{2}r, \frac{\sqrt{3}}{2}r)$

∴ $\sin 120° = \dfrac{y}{r} = \dfrac{\frac{\sqrt{3}}{2}r}{r} = \dfrac{\sqrt{3}}{2}$

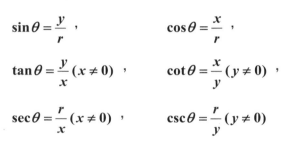

(2) $\because P(x, y) = (\dfrac{1}{2}r, -\dfrac{\sqrt{3}}{2}r)$

$\therefore \tan 300° = \dfrac{y}{x} = \dfrac{-\dfrac{\sqrt{3}}{2}r}{\dfrac{1}{2}r} = -\sqrt{3}$

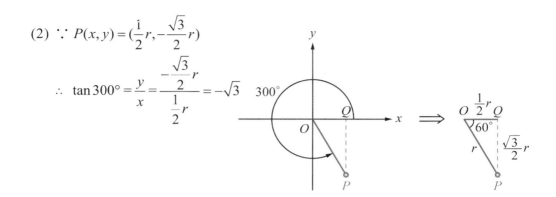

 隨堂練習 **10** 試求：

(1) $\sin 150°$　　(2) $\cos 90°$　　(3) $\sin 300°$　　(4) $\tan \dfrac{5}{4}\pi$　　(5) $\sec(-\dfrac{3}{4}\pi)$

根據上述廣義三角函數的定義，可以得到任意兩個同界角的六個三角函數值均相等。意即若 n 為一整數，則

$$\sin(n \times 360° + \theta) = \sin\theta$$
$$\cos(n \times 360° + \theta) = \cos\theta$$
$$\tan(n \times 360° + \theta) = \tan\theta$$
$$\cot(n \times 360° + \theta) = \cot\theta$$
$$\sec(n \times 360° + \theta) = \sec\theta$$
$$\csc(n \times 360° + \theta) = \csc\theta$$

我們可利用這些性質把任意角的三角函數化成 $0°$ 到 $360°$ 之間的三角函數。

 Example 11

將下列諸角的三角函數化為 $0°$ 到 $360°$ 之間的三角函數。
(1) $\sin 780°$　　(2) $\cos(-1050°)$

 解　(1) $\sin 780° = \sin(2 \times 360° + 60°) = \sin 60°$

(2) $\cos(-1050°) = \cos(-3 \times 360° + 30°) = \cos 30°$

隨堂練習 11　將下列諸角的三角函數化為 $0°$ 到 $360°$ 之間的三角函數。
(1) $\sin 405°$　　(2) $\cos(-330°)$

上述三角函數值皆利用特殊直角三角形求出終邊上點 P 之座標 (x, y)，如果化簡到最後得到角度並非特殊角，該如何求出三角函數值？答案是利用三角

函數表，此表列出了介於 0°～90° 三角函數值，詳見本書末之附錄，我們可以從下面的例題認識如何查表。此外尚須了解各個有向角在不同象限之三角函數值的正負情況，其情況如下圖所示：

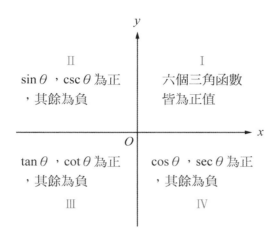

II
$\sin\theta$，$\csc\theta$ 為正，其餘為負

I
六個三角函數皆為正值

III
$\tan\theta$，$\cot\theta$ 為正，其餘為負

IV
$\cos\theta$，$\sec\theta$ 為正，其餘為負

 Example 12

利用三角函數表查下列各三角函數值：

(1) $\cos 25°$　　(2) $\sin 64°$　　(3) $\sin 527°$　　(4) $\cos 945°$　　(5) $\tan(-380°)$

 (1)　$\cos 25° = 0.9063$

(2)　$\sin 64° = 0.8988$

(3)　$\sin 527° = \sin(360° + 167°) = \sin 167° = \sin(180° - 13°) = \sin 13°$

$\quad = 0.2250$（167° 落在第二象限，故 $\sin 167°$ 為正值）

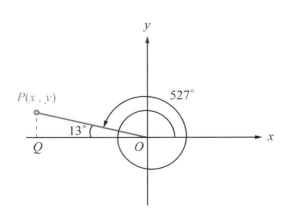

(4) $\cos 940° = \cos(2 \times 360° + 220°) = \cos 220° = \cos(180° + 40°) = -\cos 40°$

$= -0.7660$ （ $220°$ 落在第三象限，故 $\cos 220°$ 為負值）

(5) $\tan(-380°) = \tan(-1 \times 360° - 20°) = \tan(-20°) = -\tan 20°$

$= -0.3640$ （ $-20°$ 落在第四象限，故 $\tan(-20°)$ 為負值）

✏️ 隨堂練習12 利用三角函數數值表查下列各三角函數值：

(1) $\sin 100°$　　(2) $\cos 50°$　　(3) $\tan(200°)$　　(4) $\sec(100°)$ 。

3-3-2　三角函數的圖形

　　根據上述廣義角三角函數的定義，我們可繪製六個三角函數的圖形，他們都是週期函數，圖形如下所示：

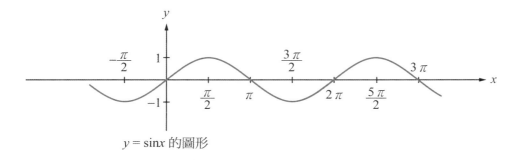

$y = \sin x$ 的圖形

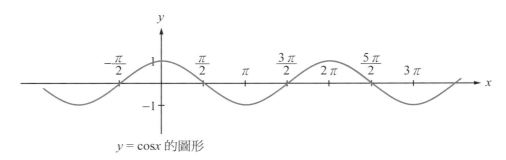

$y = \cos x$ 的圖形

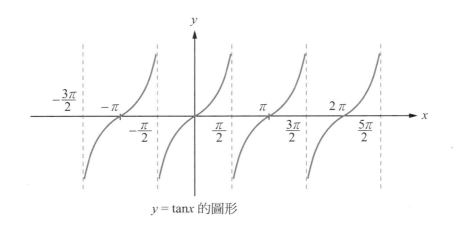

$y = \tan x$ 的圖形

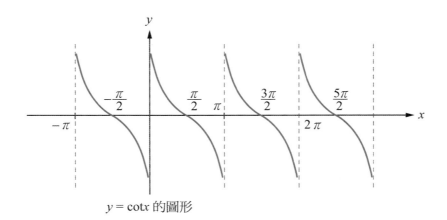

$y = \cot x$ 的圖形

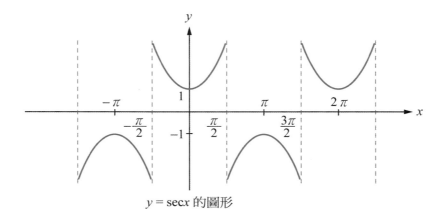

$y = \sec x$ 的圖形

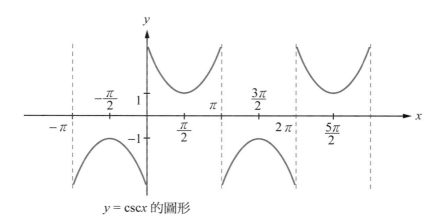

$y = \csc x$ 的圖形

　　上述六個三角函數的圖形均呈現週期性的變化，其中 sin、cos、sec、csc 函數的週期皆為 2π，而 tan、cot 函數的週期則為 π，其週期關係如下所示：

(1) $\sin(2n\pi+\theta)=\sin\theta$

(2) $\cos(2n\pi+\theta)=\cos\theta$

(3) $\tan(n\pi+\theta)=\tan\theta$

(4) $\cot(n\pi+\theta)=\cot\theta$

(5) $\sec(2n\pi+\theta)=\sec\theta$

(6) $\csc(2n\pi+\theta)=\csc\theta$

此外由三角函數的圖形可看出三角函數值的範圍如下（θ 為任意角）：

(1) $-1\le\sin\theta\le1$

(2) $-1\le\cos\theta\le1$

(3) $-\infty<\tan\theta<\infty$

(4) $-\infty<\cot\theta<\infty$

(5) $\sec\theta\le-1$ 或 $\sec\theta\ge1$

(6) $\csc\theta\le-1$ 或 $\csc\theta\ge1$

 Example 13

　　比較 $\sec\dfrac{\pi}{5}$，$\sec\dfrac{3}{5}\pi$，$\sec\pi$ 等三個函數值的大小？

解 如圖所示，

$\sec\dfrac{\pi}{5}$，$\sec\dfrac{3}{5}\pi$，$\sec\pi$ 等函數值分別為 A、B、C 三點 y 座標，故 $\sec\dfrac{\pi}{5}>\sec\pi>\sec\dfrac{3}{5}\pi$

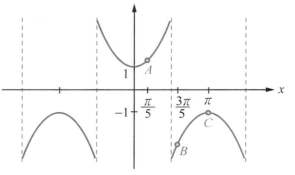

$y=\sec x$

隨堂練習 **13** 比較 $\cos(-\dfrac{\pi}{2})$，$\cos 0$，$\cos\dfrac{\pi}{2}$ 等三個函數值的大小？

 Example 14

方程式 $\sin x = \dfrac{x}{2\pi}$ 的相異實根有多少個？

解 方程式 $\sin x = \dfrac{x}{2\pi}$ 的相異實根數

= 座標平面上 $y = \sin x$ 與 $y = \dfrac{x}{2\pi}$ 兩圖形的交點（A、O、B 三點）

如圖所示，故相異實根有3個。

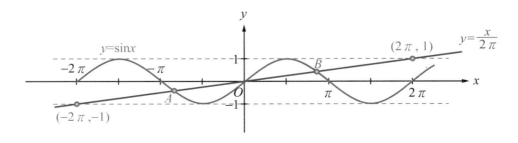

✎ 隨堂練習 14 方程式 $\cos x = \dfrac{x}{\pi}$ 的相異實根有多少個？

3-4 ✦ 正弦定理與餘弦定理

3-4-1 三角形的面積

我們可以用「$\dfrac{1}{2} \times$ 底 $\times$ 高」求出三角形的面積，但是當高不容易求出來的時候（如有障礙物），我們可以利用三角函數邊角的關係式間接求出高。

如圖所示，高 $\overline{CD}$ 上有障礙物，於是可利用：

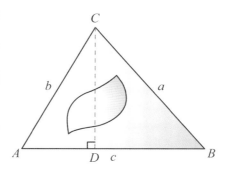

$b \sin A$ 取代 $\overline{CD}$，則 $\triangle ABC$ 的面積 $= \frac{1}{2} \times$ 底 $\times$ 高 $= \frac{1}{2} c \overline{CD} = \frac{1}{2} bc \sin A$

同理可得 $\triangle ABC$ 的面積 $= \frac{1}{2} ab \sin C = \frac{1}{2} ac \sin B$

結論：$\triangle$ 面積 $= \frac{1}{2} ab \sin C = \frac{1}{2} bc \sin A = \frac{1}{2} ac \sin B$（口訣：兩邊夾一角）

 Example 15

設 $\triangle ABC$ 為直角三角形，$ACEF$ 是以 $\overline{AC}$ 為一邊向外作出的正方形，$BCDG$ 是以 $\overline{BC}$ 為一邊向外作出的正方形，若 $\overline{AC}=5$、$\overline{AB}=4$、$\overline{BC}=3$，求 $\triangle DCE$ 的面積。

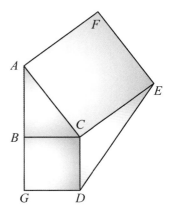

 設 $\angle ACB = \theta$，則 $\sin\theta = \frac{4}{5}$，$\angle DCE = \pi - \theta$，

$\triangle DCE$ 的面積 $= \frac{1}{2} \times \overline{CD} \times \overline{CE} \times \sin(\pi - \theta)$

$\qquad = \frac{1}{2} \times 3 \times 5 \times \sin\theta$

$\qquad = \frac{1}{2} \times 3 \times 5 \times \frac{4}{5} = 6$

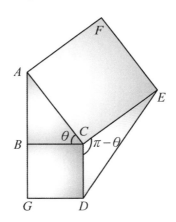

🖊 隨堂練習15 △ABC中，$\overline{AC}=6$，$\overline{AB}=4$，$\sin A=\dfrac{1}{3}$，則△ABC的

面積＝？

3-4-2 正弦定理

正弦定理：△ ABC 中，$\overline{AB}=c$，$\overline{BC}=a$，$\overline{CA}=b$，R 為其外接圓半徑，

則 $\dfrac{a}{\sin A}=\dfrac{b}{\sin B}=\dfrac{c}{\sin C}=2R$

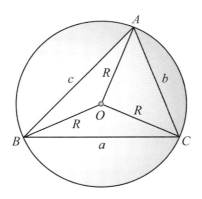

說明：由△面積公式得　$\dfrac{1}{2}ab \sin C = \dfrac{1}{2}bc$

$\sin A = \dfrac{1}{2}ac \sin B$，上式每項皆除以

abc，得 $\dfrac{a}{\sin A}=\dfrac{b}{\sin B}=\dfrac{c}{\sin C}$，如圖所

示，$\angle ABD$ 為半圓圓周角，故 $\angle B =$

$90°$，得 $\sin D = \dfrac{\overline{AB}}{\overline{AD}}=\dfrac{c}{2R} \Rightarrow \dfrac{c}{\sin D}=2R$，

因 $\angle D$ 與 $\angle C$ 同對弧 AB，故 $\angle D=\angle C$，

得 $\dfrac{c}{\sin C}=2R$

故 $\dfrac{a}{\sin A}=\dfrac{b}{\sin B}=\dfrac{c}{\sin C}=2R$

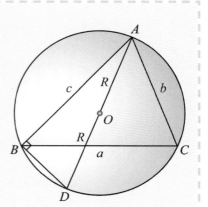

正弦定理使用時機：

1. 給角度，求三邊比。

2. 給三邊，求角度正弦比。

3. 求外接圓半徑。

 Example 16

$\triangle ABC$ 中，$\angle A =120°$，$\angle B = 30°$，$c = 3$，則 $\triangle ABC$ 之外接圓半徑 $R=$？

解　$\angle C =180° - 120° - 30° = 30°$

由 $\dfrac{c}{\sin C}=2R \Rightarrow \dfrac{3}{\sin 30°}=2R \Rightarrow \dfrac{3}{\frac{1}{2}}=2R \Rightarrow 6=2R \Rightarrow R=3$

隨堂練習16 邊長為2之正三角形之外接圓半徑$R=$？

 Example 17

$\triangle ABC$ 三邊長為 a , b , c ，且 $a - 2b + c = 0$ ， $3a + b - 2c = 0$ ，則 $\sin A : \sin B : \sin C = $？

 解方程組 $\begin{cases} a - 2b + c = 0 & \cdots (1) \\ 3a + b - 2c = 0 & \cdots (2) \end{cases}$

$2 \times (1) + (2)$： $5a - 3b = 0$，設 $b = 5t$，則 $a = 3t$，分別將 $a = 3t$、$b = 5t$ 代入 (1)，得 $c = 7t$，

由正弦定理 $\dfrac{a}{\sin A} = \dfrac{b}{\sin B} = \dfrac{c}{\sin C}$

$\Rightarrow \sin A : \sin B : \sin C = a : b : c = 3t : 5t : 7t = 3 : 5 : 7$

 隨堂練習17 $\triangle ABC$ 三邊長為 a , b , c，且 $a + b - 2c = 0$，$a - b + c = 0$，則 $\sin A : \sin B : \sin C = $？

3-4-3 餘弦定理

餘弦定理：$\triangle ABC$ 中，$\overline{AB} = c$，$\overline{BC} = a$，$\overline{CA} = b$，

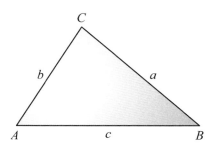

則
$$\begin{cases} a^2 = b^2 + c^2 - 2bc\cos A \\ b^2 = a^2 + c^2 - 2ac\cos B \\ c^2 = a^2 + b^2 - 2ab\cos C \end{cases}$$
或寫成
$$\begin{cases} \cos A = \dfrac{b^2 + c^2 - a^2}{2bc} \\[2mm] \cos B = \dfrac{a^2 + c^2 - b^2}{2ac} \\[2mm] \cos C = \dfrac{a^2 + b^2 - c^2}{2ab} \end{cases}$$

說明：如圖將 $\triangle ABC$ 放在直角座標系，則

$$a^2 = \overline{BC}^2 = (b\cos A - c)^2 + (b\sin A - 0)^2$$
$$= b^2(\sin^2 A + \cos^2 A) + c^2 - 2bc\cos A$$
$$= b^2 + c^2 - 2bc\cos A \qquad (\because \sin^2 A + \cos^2 A = 1)$$

同理可得 $b^2 = a^2 + c^2 - 2ac\cos B$，$c^2 = a^2 + b^2 - 2ab\cos C$

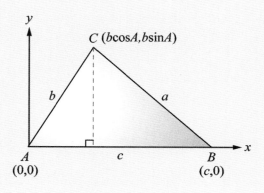

餘弦定理使用時機：

1. 給兩邊一夾角，求第三邊。

2. 給三邊，求夾角。

 Example 18

$\triangle ABC$ 中，$\angle A = 60°$，$\overline{AC} = 3$，$\overline{AB} = 5$，試求 $\overline{BC} = ?$

$$\overline{BC}^2 = \overline{AC}^2 + \overline{AB}^2 - 2 \times \overline{AC} \times \overline{AB} \times \cos A$$
$$= 3^2 + 5^2 - 2 \times 3 \times 5 \times \cos 60°$$
$$= 9 + 25 - 30 \times \frac{1}{2} = 34 - 15 = 19 \quad \therefore \overline{BC} = \sqrt{19}$$

 隨堂練習 18　$\triangle ABC$ 中，$\angle B = 45°$，$\overline{BC} = 5$，$\overline{AB} = \sqrt{2}$，試求 $\overline{AC} = ?$

 Example 19

$\triangle ABC$ 中，角 A、B、C 之對應邊分別為 a、b、c，若 $a=2$、$b=3$、$c=4$，求 $\cos B = ?$

$$\cos B = \frac{a^2 + c^2 - b^2}{2ac} = \frac{2^2 + 4^2 - 3^2}{2 \times 2 \times 4} = \frac{11}{16}$$

✏️ 隨堂練習19　ΔABC 中，角 A、B、C 之對應邊分別為 a、b、c，若 $a=5$、$b=6$、$c=7$，求 (1)$\cos C=$？　(2)$\angle C$ 是銳角還是鈍角？

3-5　三角測量

　　三角函數的起源是為了解決生活中的問題，古書記載埃及人為了測量金字塔的高度，使用相似三角形的觀念，這是三角函數最早的書面記錄，後來當三角函數的理論更完備，人們開始使用三角函數計算面積、河寬、山高、天文等等問題。時至今日，三角測量的觀念更與現代化科技產品結合，成為航太、通訊、導航等方面的重要基礎。

　　例如全球定位系統(Global Positioning System)的發展，使人們無論處在天涯海角都可找到回家的路，GPS 是如何測定位置的呢？原來這是透過地球上空多個衛星的觀測，取得目標物不同的觀測角度與距離，再配合三角函數的使用，才能精確判斷目標物所在的位置。

　　現在讓我們看看以下關於三角測量的一些應用問題，你會發現原來不必渡河也能知道河寬，不必爬山也能知道山高。

Example 20

某人想知道河寬，當他站在河邊 A 點恰正對著對岸邊一棵大樹，如今他沿著河岸走了100公尺到達 B 點，再次望向大樹，發現 $\angle ABC=60°$，求河寬？公尺。

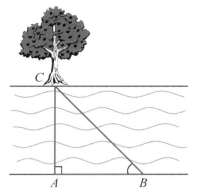

解 因為 $\triangle ABC$ 為直角三角形，故

$$\tan B = \frac{\overline{AC}}{\overline{AB}} \Rightarrow 河寬 = \overline{AC} = \overline{AB} \times \tan B$$

$$= 100 \times \tan 60° = 100 \times \sqrt{3} = 100\sqrt{3} \text{（公尺）}$$

 隨堂練習 20 同例20，但他沿著河岸走了200公尺到達B點，再次望向大樹，發現 $\angle ABC=30°$，求河寬？公尺。

 Example 21

柯南在一塔底測得山頂之仰角為30°，爬到塔頂又測得山頂的仰角為15°，若已知塔高 h 為60公尺，試求山高 H。

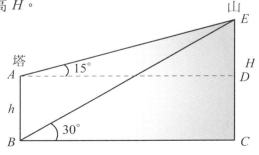

解 由直角 $\triangle ADE$ 得到

$$\overline{AD} = \overline{DE} \times \cot 15° = (H-60) \times (2+\sqrt{3})$$

另由直角 $\triangle BCE$ 得到

$$\overline{BC} = \overline{CE} \times \cot 30° = H \times \sqrt{3} \quad \because \overline{AD} = \overline{BC}$$

$$\therefore (2+\sqrt{3})(H-60) = \sqrt{3}H \Rightarrow 2H = 60(2+\sqrt{3}) \Rightarrow H = 30(2+\sqrt{3})$$

 隨堂練習21 大雄在一塔底測得山頂之仰角為 60°，爬到塔頂又測得山頂的仰角為 30°，若已知塔高 h 為 200 公尺，試求山高 H。

Example 22

欲測量 A，B 兩地間的距離，因兩地之間有一湖泊，故自另一地 C 測得 $\overline{AC} = 250$，$\overline{BC} = 50$，$\angle ACB = 120°$，則 A，B 兩地的距離為？

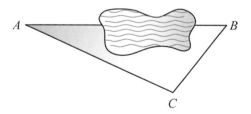

 由餘弦定理得

$$\overline{AB}^2 = \overline{AC}^2 + \overline{BC}^2 - 2 \times \overline{AC} \times \overline{BC} \times \cos C$$

$$= 250^2 + 50^2 - 2 \times 250 \times 50 \times \cos 120°$$

$$= 65000 - 25000 \times (-\frac{1}{2}) = 77500，$$

故 $\overline{AB} = \sqrt{77500} = 50\sqrt{31}$

隨堂練習22 海岸邊有A，B兩觀測點，同時發現海上C處有一船，在A測得 $\angle CAB = 75°$，在B測得 $\angle ABC = 60°$，若已知A，B兩地相距1000公尺，則此船與A的距離為？（提示：與正弦定理有關）

Example 23

自山之東A點測得山之仰角為 $45°$，在山之南 $60°$ 東B點測得山之仰角為 $30°$。設 A、B 相距1公里，則山高＝？

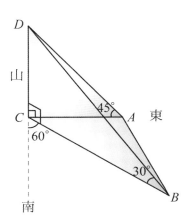

解 $\triangle ACD$ 為45°–90°–45之直角△

故 $\overline{AC} = \overline{CD} = h$（設山高為 h）

又 $\triangle BCD$ 為30°–90°–60°之直角△

故 $\overline{BC} = \overline{CD} \times \sqrt{3} = \sqrt{3}h$

考慮 $\triangle ABC$，得 $\overline{AB}^2 = \overline{AC}^2 + \overline{BC}^2 - 2 \times \overline{AC} \times \overline{BC} \times \cos C$

故 $1^2 = h^2 + (\sqrt{3}h)^2 - 2 \times h \times \sqrt{3}h \times \cos 30° \Rightarrow 1 = h^2 + 3h^2 - 2\sqrt{3}h^2 \times \dfrac{\sqrt{3}}{2}$

$\Rightarrow 1 = h^2 + 3h^2 - 3h^2 \Rightarrow h^2 = 1 \Rightarrow h = \pm 1$（負不合）

，故山高為1公里。

✏ **隨堂練習23** 在一塔正東一點 A 測得塔頂仰角為30°，在塔正南一點 B 測得塔頂仰角45°，若 A、B 相距40公尺，則塔高為幾公尺？

數學家的故事三

笛卡兒(Rene Descartes，1596 ~ 1650)
~我思故我在~

　　笛卡兒是一位有名的哲學家，曾說過「我思故我在」，但他也是有名的數學家，「解析幾何」就是由他創立，影響後代至深且鉅。

　　在笛卡兒尚未發展解析幾何之前，幾何與代數兩者各自獨立，自歐幾里得以來之幾何學相關證明往往需借助輔助線，無一定規則可尋，而代數則過於遵守原則和公式，計算過於繁雜，所以笛卡兒將幾何與代數兩者結合起來，把幾何圖形利用座標化成代數方程式，再利用方程式找回幾何性質與意義，因此解析幾何又稱座標幾何。數學家拉格朗基(Lagrange)就說「當代數與幾何各自行動時，既繁且慢，應用又狹隘；但兩者一旦聯手，則快速而趨於完美」。

　　現在我們利用一個題目來說明歐氏幾何與解析幾何的差異：

　　如右圖所示，E、F 在矩形 $ABCD$ 上。

　　如果 $\overline{BE} = \overline{CE} = \overline{EF}$，

　　求證 $\overline{AB} \times \overline{CD} = \overline{AF} \times \overline{FD}$。

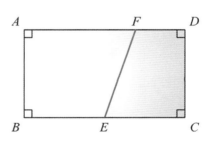

歐氏幾何解法：

連接 $\overline{BF}, \overline{CF}$ 兩條輔助線，

設法證明 $\triangle ABF$ 和 $\triangle CDF$ 相似

（過程請讀者自行思考），

$\because \triangle ABF \approx \triangle CDF$

$\therefore \dfrac{\overline{AB}}{\overline{AF}} = \dfrac{\overline{FD}}{\overline{CD}}$，　得 $\overline{AB} \times \overline{CD} = \overline{AF} \times \overline{FD}$

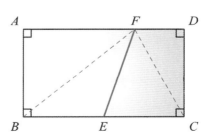

解析幾何解法：

將直角座標系之原點設在 B 點，

且設 $\overline{AB} = b$ ， $\overline{BC} = 2a$ ， $\overline{AF} = x$

則各點座標如圖所示 $\because \overline{EF} = \overline{BE}$

$\therefore \sqrt{(x-a)^2 + b^2} = a$

$\Rightarrow b^2 = x(2a - x)$

$\Rightarrow \overline{AB} \times \overline{CD} = \overline{AF} \times \overline{FD}$

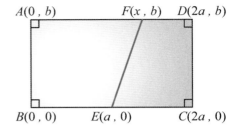

習 題 π ≒3.14

1. 將下列各角以弧度來表示：

   (1) $210°$　　(2) $225°$　　(3) $5°20'$　　(4) $10°10'10''$

2. 將下列各弧度角以度來表示：

   (1) 3π　　(2) $\dfrac{5}{2}\pi$　　(3) $\dfrac{5}{6}\pi$　　(4) 8

3. 判斷$60°$的同界角包括下列哪些角度？

   (A)$880°$　(B)$780°$　(C)$300°$　(D) $-300°$　(E) $-120°$

4. 求有向角 $380°$ 之最小正同界角與最大負同界角。

5. $\dfrac{\tan 45° - \sin 45°}{\cos 60°} = ?$

6. 設 θ 為銳角，$\cos\theta = x$，則 $\sin\theta = ?$

7. 設 θ 為銳角，$2\sin^2\theta + 3\sin\theta - 2 = 0$，則 $\cos\theta = ?$

8. 設 θ 為銳角，且 $\sin\theta = \dfrac{1}{10}$，則 $\csc\theta = ?$

9. 若 θ 是一個銳角，已知 $\sec\theta = 2$，求

   (1) $\sin\theta = ?$　　　　(2) $\tan\theta = ?$　　　　(3) $\theta = ?$

10. 求(1) $\sin 225°$　　　　(2) $\cos 120°$　　　　(3) $\tan(135°)$

   (4) $\cot 210°$　　　　(5) $\sec(-60°)$　　　　(6) $\csc 150°$

11. 利用三角函數表查下列各三角函數值：

    (1) $\cos 25°$ (2) $\sin 124°$

12. 設點 $F(\sin 300°, \cos 100°)$，則 F 落在哪個象限？

13. 比較 $\sin\dfrac{\pi}{3}$ ， $\cos\dfrac{\pi}{3}$ ， $\tan\dfrac{\pi}{3}$ 的大小。

14. 方程式 $\cos x = \dfrac{x}{2\pi}$ 的相異實根有多少個？

15. 設 $\tan\theta = -\dfrac{3}{4}$ 且 $\cos\theta < 0$ ，則 $\dfrac{\sin\theta}{1-\cos\theta} + \dfrac{\cos\theta}{1-\sin\theta} = ?$

3-4

3-4-1

16. 在 $\triangle ABC$ 中，已知 $b = 12$ ， $c = 4$ ， $\angle A = 30°$ ，則 $\triangle ABC$ 之面積 $=$ ？

17. $\triangle ABC$ 中， $\overline{AC} = 6$ ， $\overline{AB} = 8$ ， $\cos A = \dfrac{1}{2}$ ，則 $\triangle ABC$ 的面積 $=$ ？

18. $\triangle ABC$ 中， $\overline{AC} = 5$ ， $\overline{AB} = 4$ ， $\cos A = -\dfrac{4}{5}$ ，則 $\triangle ABC$ 的面積 $=$ ？

19. 已知一長方形對角線段長為6，且對角線所夾之銳角是60°，則此長方形的面積 $=$ ？

3-4-2

20. $\triangle ABC$ 中， a ， b ， c 分別代表 $\angle A$ ， $\angle B$ ， $\angle C$ 之對邊長度：

    (1)若 $(b+c):(c+a):(a+b)=15:12:17$ ，試求 $\sin A : \sin B : \sin C$ 。

    (2)若 $\angle B = 70°$ ， $\angle C = 80°$ ， $a = 20$ ，試求外接圓半徑。

21. 若 $\triangle ABC$ 中， a ， b ， c 分別為 $\angle A$ ， $\angle B$ ， $\angle C$ 的對邊，若 $c = \sqrt{2}$ ， $b = 1$ ， $\angle B = 30°$ ，則 $\angle C = ?$

22. $\triangle ABC$ 中，$\angle B = 45°$，$\angle C = 60°$，$a = \sqrt{3} + 1$，求

    (1) $\overline{AB}$ 的值 $=$ ？

    (2) 外接圓半徑 $=$ ？

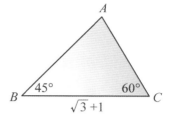

23. 若 $\triangle ABC$ 中，$a = 1$，$b = \sqrt{2}$，$\angle A = 30°$，則 $\angle B = $ ？

3-4-3

24. $\triangle ABC$ 中，$a = 5$，$b = 10$，$\angle A = 30°$，試求出 c 之長。

25. $\triangle ABC$ 中，三邊 $\overline{AB}$，$\overline{BC}$，$\overline{CA}$ 的高分別為 $h_c = 3$，$h_a = 6$，$h_b = 4$，則 $\cos A = $ ？

26. 設 $\triangle ABC$ 中，$\overline{BC} = a$，$\overline{CA} = b$，$\overline{AB} = c$，已知 $a - 2b + c = 0$，$5a + 4b - 5c = 0$。

    (1) 求 $\sin A : \sin B : \sin C$。

    (2) 求 $\cos A$。

    (3) 若周長為 30，求 $\triangle ABC$ 的面積。

3-4-4

27. 河流岸邊一點 B，正對彼岸一點 A，由點 B 沿河邊移動 200 公尺到達 C 點，測得 $\angle ACB = 60°$，則河的寬度為？

28. 設 A、B 處各有一個瞭望台，兩台之間的距離 $\overline{AB} = 1000$ 公尺，今在海上 C 處有一艘船。若 $\angle BAC = 45°$，$\angle ABC = 75°$，則 A、C 兩點間的距離為何？

29. 某人測得一山峰的仰角為 $45°$，當他向山峰前進 500 公尺後，再測得山峰的仰角為 $60°$，則山峰的高度為？公尺。

30. 在同一直線上的 A、B、C 三點，依序測得有座山的仰角為 $30°$、$45°$ 和 $60°$。已知 A、B、C 和山腳不共線，$\overline{AB} = 300$ 公尺，$\overline{BC} = 200$ 公尺，則山高多少？

31. 某建築物上有一塔，塔頂有一旗桿。已知旗桿長度為 4 公尺，今由地上某一點分別測得建築物之頂、塔和旗桿之仰角為 $45°$、$60°$ 和 $75°$，則建築物之高度為多少？

········ 進階題 ········

1. 設 θ 為銳角，$\dfrac{1+\tan\theta}{1-\tan\theta}=\sqrt{2}$ ，則 $\cos\theta-\sin\theta=$?

2. $\triangle ABC$ 中，$\overline{AC}=2$，$\overline{BC}=6$，四邊形 $BCDE$ 為正方形，已知 $\triangle ABC$ 的面積是 4，求 $\overline{AD}$ 長度？

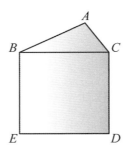

3. $\triangle ABC$ 中，$\overline{AB}=2$，$\overline{AC}=3$，$\angle A=60°$，$\angle A$ 的平分線交 $\overline{BC}$ 於 D，則 $\overline{AD}=$?

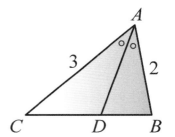

4. 已知 P 為正方形 $ABCD$ 內部的一點，若 $\overline{AP}=7$，$\overline{BP}=5$，$\overline{CP}=1$，試求正方形 $ABCD$ 的面積。

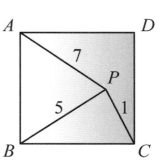

4 CHAPTER

向　量

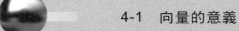

4-1 向量的意義

將 $\overline{AB}$ 賦與由 A 到 B 的方向後，就稱為由 A 到 B 的有向線段，記作 $\overrightarrow{AB}$，其中 A 稱為始點，B 稱為終點。而具有長度和方向的量稱為向量，所以我們可用有向線段來表示一個向量。例如 $\overrightarrow{AB}$ 稱為向量 $\overrightarrow{AB}$，其中 $\overline{AB}$ 長為此向量的長度（或稱大小），記作 $|\overrightarrow{AB}|$，A 到 B 稱為此向量的方向。

線段 $\overline{AB}$　　　　　　　向量 $\overrightarrow{AB}$

向量之中，始點與終點相同的有向線段稱為零向量，通常以 $\vec{0}$ 表示，也就是 $\vec{0} = \overrightarrow{AA} = \overrightarrow{BB} = \ldots$，零向量的長度為零，但不具方向性，這是比較特別的。

由於向量是由長度和方向所決定的量，因此兩個向量相等的意思就是長度相同而且方向也相同，而不管這兩個向量的位置在哪裡，所以向量具有可以平移的特性。因此兩個向量若大小相等，方向相同，則稱兩個向量相等。

$$\overrightarrow{AB} = \overrightarrow{CD} \iff \overrightarrow{AB}，\overrightarrow{CD} \text{方向相同且} |\overrightarrow{AB}| = |\overrightarrow{CD}|$$

根據這個結果可知，向量可以自由的平行移動。

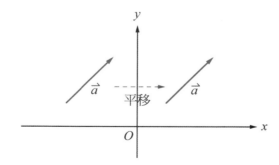

Example 1

如圖之正方形 $ACIG$ 由四個小正方形所組成，哪些向量與 $\overrightarrow{AB}$ 相等？

 兩個向量相等就是指這兩個向量長度相同而且方向也相同。

故 $\overrightarrow{AB} = \overrightarrow{DE} = \overrightarrow{GH} = \overrightarrow{BC} = \overrightarrow{EF} = \overrightarrow{HI}$

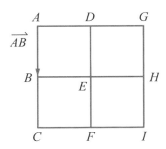

 隨堂練習 ┃ 同例1之圖，哪些向量與 $\overrightarrow{EH}$ 相等？

4-2  向量的加減法與係數積

　　假想某人從台北出發，夜宿花蓮，隔天到達屏東，若只論最初的起點與最後的終點，那麼這是一趟從台北到屏東的旅程。向量的加法就有如上述說法，將所有向量依序首尾相連，最初的起點與最後的終點所形成的向量就是最後合成的向量。

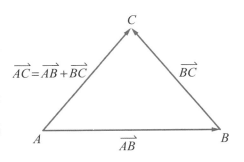

Example 2

 如圖，試以 $\vec{a}$、$\vec{b}$、$\vec{c}$、$\vec{d}$、$\vec{f}$、$\vec{e}$ 等向量表示出 $\overrightarrow{AB}$。

解
$$\begin{aligned}
\overrightarrow{AB} &= \vec{a} + \vec{b} + \vec{d} \\
&= \vec{a} + \vec{b} + \vec{e} + \vec{f} \\
&= \vec{c} + \vec{d} \\
&= \vec{c} + \vec{e} + \vec{f}
\end{aligned}$$

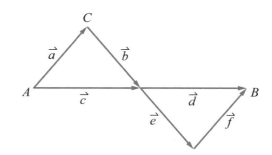

 隨堂練習2 同例2之圖，$\vec{c}$ 與哪個向量相等？$\vec{d}$ 與哪個向量相等？

向量加法具有下列基本性質：

1. 交換律：$\vec{a} + \vec{b} = \vec{b} + \vec{a}$。

2. 結合律：$(\vec{c} + \vec{b}) + \vec{c} = \vec{a} + (\vec{b} + \vec{c})$。

3. 零向量：$\vec{a} + \vec{0} = \vec{0} + \vec{a} = \vec{a}$。

4. 可逆性：$\vec{a} + (-\vec{a}) = (-\vec{a}) + \vec{a} = \vec{0}$，其中 $-\vec{a}$ 表與 $\vec{a}$ 長度相等但方向相反的向量。

向量的減法：兩向量 $\vec{a}$, $\vec{b}$ 的減法定義為 $\vec{a} - \vec{b} = \vec{a} + (-\vec{b})$。

說明：設 $\overrightarrow{AB} = \vec{a}$, $\overrightarrow{AC} = \vec{b}$, $AEBC$ 與 $ADEB$ 為平行四邊形，$\overrightarrow{AC} = \overrightarrow{AD}$ 根據右圖可知 $\overrightarrow{AD} = -\overrightarrow{AC} = -\vec{b}$

$\vec{a} - \vec{b} = \vec{a} + (-\vec{b}) = \overrightarrow{AB} + \overrightarrow{AD} = \overrightarrow{AE} = \overrightarrow{CB}$

即 $\overrightarrow{AB} - \overrightarrow{AC} = \overrightarrow{CB}$。

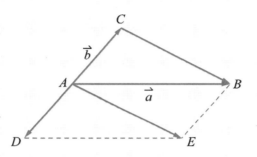

Example 3

在正六邊形 $ABCDEF$ 中，設 $\overrightarrow{AB} = \vec{a}$, $\overrightarrow{BC} = \vec{b}$, 試以 $\vec{a}$, $\vec{b}$ 表示下列諸向量：(1) $\overrightarrow{EF}$ (2) $\overrightarrow{AD}$ (3) $\overrightarrow{AC}$ (4) $\overrightarrow{CD}$ (5) $\overrightarrow{FA}$。

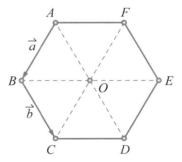

解 (1) $\overrightarrow{EF} = -\vec{b}$

(2) $\overrightarrow{AD} = 2\vec{b}$

(3) $\overrightarrow{CD} = \overrightarrow{AB} + \overrightarrow{BC} = \vec{a} + \vec{b}$

(4) $\overrightarrow{CD} = \overrightarrow{BO} = \overrightarrow{BA} + \overrightarrow{AO} = \overrightarrow{BA} + \overrightarrow{BC} = -\vec{a} + \vec{b}$

(5) $\overrightarrow{FA} = -\overrightarrow{CD} = \vec{a} - \vec{b}$。

隨堂練習 3 同例3之圖，試以 $\vec{a}$，$\vec{b}$ 表示 $\overrightarrow{BD}$。

由上述向量的加減法的觀念，可得以下結論：

1. 任何一個向量 $\overrightarrow{AC}$，我們都可以把它拆解為 $\overrightarrow{AB}+\overrightarrow{BC}$ 兩向量的和，其中 A 為任一點。

  即 $\overrightarrow{AC}=\overrightarrow{AB}+\overrightarrow{BC}$。

2. 任何一個向量 $\overrightarrow{CB}$，我們都可以把它拆解為 $\overrightarrow{AB}-\overrightarrow{AC}$ 兩向量的和，其中 A 為任一點。

  即 $\overrightarrow{CB}=\overrightarrow{AB}-\overrightarrow{AC}$。

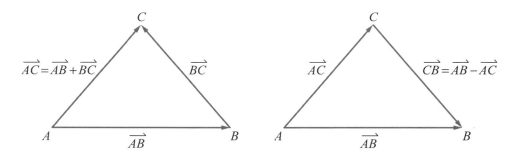

當向量乘上某個係數時，可產生所謂的向量的係數積，其定義與性質如下：

向量的係數積 $r\vec{a}$ 定義：設 $r\in R$，則定義 $r\vec{a}$ 如下：

1. 若 $r>0$，則 $r\vec{a}$ 表與 $\vec{a}$ 同方向，長度為 $\vec{a}$ 的 r 倍的向量。

2. 若 $r < 0$，則 $r\vec{a}$ 表與 $\vec{a}$ 反方向，長度為 $\vec{a}$ 的 r 倍的向量。

3. 若 $r = 0$，則 $r\vec{a} = 0 \cdot \vec{a} = \vec{0}$。

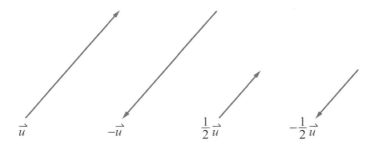

$\vec{u}$ 　　　 $-\vec{u}$ 　　　 $\frac{1}{2}\vec{u}$ 　　　 $-\frac{1}{2}\vec{u}$

向量係數積的基本性質：

1. 設 $r, s \in R$，則 $(r+s)\vec{a} = r\vec{a} + s\vec{a}$，$r(\vec{a}+\vec{b}) = r\vec{a} + r\vec{b}$。

2. $r(s\vec{a}) = (rs)\vec{a}$。

根據向量係數積的定義與性質，要注意以下幾點：

1. $0 \cdot \vec{a}$ 與 $r \cdot \vec{0}$ 均為零向量，而不是0。

2. 利用係數積可使向量在同向(r>0)或反向(r<0)，伸縮向量的長度。

3. 當兩向量同向或反向時，稱此兩向量平行。為了方便起見，我們規定零向量與任何向量平行。

4. 向量 $\vec{a}$ 平行 $\vec{b}$ ⇔可找到實數 t，使得 $\vec{a} = t\vec{b}$。
   即　$\vec{a} // \vec{b}$ ⇔ $\vec{a} = t\vec{b}$　$(t \in R)$

 ***Example 4***

如圖所示，A，B，C 為一直線上的三點，且 $\overline{AB} : \overline{BC} = 3 : 2$，若 $\overrightarrow{AB} = r\overrightarrow{AC}$，$\overrightarrow{BC} = s\overrightarrow{AB}$，求 r，s 各是多少？

解　$\overrightarrow{AB} = \dfrac{3}{5}\overrightarrow{AC}$，$\overrightarrow{BC} = \dfrac{2}{3}\overrightarrow{AB}$

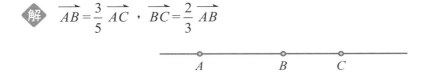

✎ 隨堂練習 4 如圖所示，A，B，C為一直線上的三點，且$\overline{AB}$：$\overline{BC}=5$：3，若$\overrightarrow{AB}=r\overrightarrow{AC}$，$\overrightarrow{BC}=s\overrightarrow{AB}$，求$r$，$s$各是多少？

📎 *Example 5*

下圖每個網狀格子均為相同的平行四邊形，試以(1) $\vec{a}$ 和 $\vec{b}$ 表 $\overrightarrow{AB}$，$\overrightarrow{CD}$，$\overrightarrow{EF}$　(2)若 $\overrightarrow{CD}=x\overrightarrow{AB}+y\overrightarrow{EF}$，求 (x,y)。

 (1) $\overrightarrow{AB}=\dfrac{1}{3}\vec{a}+\vec{b}$，$\overrightarrow{CD}=\vec{a}-\vec{b}$，$\overrightarrow{EF}=\dfrac{4}{3}\vec{a}+\vec{b}$

(2) $\overrightarrow{CD}=x\overrightarrow{AB}+y\overrightarrow{EF}=x(\dfrac{1}{3}\vec{a}+\vec{b})+y(\dfrac{4}{3}\vec{a}+\vec{b})$

$\qquad =(\dfrac{1}{3}x+\dfrac{4}{3}y)\vec{a}+(x+y)\vec{b}=\vec{a}-\vec{b}$

故 $\begin{cases} \dfrac{1}{3}x+\dfrac{4}{3}y=1 \\ x+y=-1 \end{cases}$，解得 $(x,y)=(-\dfrac{7}{3},\dfrac{4}{3})$

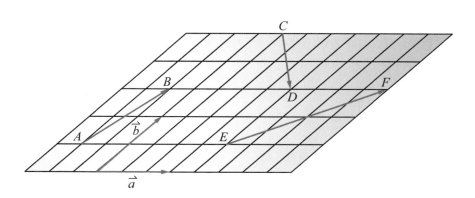

✎ 隨堂練習**5** 同例5之圖，(1)試以 $\overrightarrow{a}$，$\overrightarrow{b}$ 表示 $\overrightarrow{BC}$？

(2)若 $\overrightarrow{BC} = x\overrightarrow{CD} + y\overrightarrow{EF}$，求 (x, y)。

4-3 ⟡ 向量的座標表示法

4-3-1 平面向量的座標表示法

給定座標平面上任一向量 $\overrightarrow{u}$，將 $\overrightarrow{u}$ 的始點平移到原點 O，終點為 $P(a,b)$，則 $\overrightarrow{u} = \overrightarrow{OP}$，我們就用 P 的座標 (a,b) 來表示向量 $\overrightarrow{u}$，記為 $\overrightarrow{u} = (a,b)$，其中 a 和 b 分別稱為向量 $\overrightarrow{u}$ 的 x-分量與 y-分量。

所以 $\overrightarrow{u}$ 的長度為 $|\overrightarrow{u}| = \overrightarrow{OP} = \sqrt{a^2 + b^2}$。

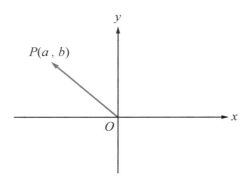

根據前面的說明，平面向量 $\vec{u}$ 用 (a,b) 來表示，它的方向是由原點 O 指向 $P(a,b)$，而它的大小為 $\sqrt{a^2+b^2}$。因此座標的表示方式可以同時呈現出向量的兩個要素——**大小與方向**。

結論：1. $\vec{u}=(a,b)$，則 $|\vec{u}|=\sqrt{a^2+b^2}$。
2. 若 $\vec{u}=(a,b)$，$\vec{v}=(c,d)$，$\vec{u}=\vec{v} \Leftrightarrow a=c$ 且 $b=d$

 Example 6

若 $\vec{u}=(-3,3)$，$\vec{v}=(1,4)$，則哪個向量的長度較短？

解 $|\vec{u}|=\sqrt{(-3)^2+3^2}=\sqrt{18}$，$|\vec{v}|=\sqrt{1^2+4^2}=\sqrt{17}$

因為 $|\vec{v}|<|\vec{u}|$，所以 $\vec{v}$ 的長度較短

 隨堂練習6 若 $\vec{s}=(3,-4)$，$\vec{t}=(-4,3)$，則哪個向量的長度較長？

 Example 7

設 $A(4,2)$、$B(6,7)$，則 $\overrightarrow{AB}$ 可用座標表示為？

解 作法：我們取一點 $P(x,y)$，使得 $\overrightarrow{OP}=\overrightarrow{AB}$，由向量相等的定義，可知四邊形 $ABPO$ 為平行四邊形，平行四邊形對角線互相平分，所以 $\overline{AP}$ 的中點與 $\overline{OB}$ 的中點為同一點，

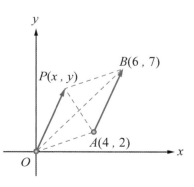

故 $\dfrac{x+4}{2}=\dfrac{0+6}{2}$ ， $\dfrac{y+2}{2}=\dfrac{0+7}{2}$

即 $x=6-4=2$ ， $y=7-2=5$ ，所以 $\overrightarrow{AB}=\overrightarrow{OP}=(2,\ 5)$ 。

 隨堂練習**7** 設 $A(3,6)$ 、 $B(7,1)$ ，則 $\overrightarrow{AB}$ 可用座標表示為？

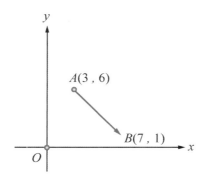

　仿照例7做法，我們如果將 A 、 B 兩點的座標改為 $A(x_1,y_1)$ 、 $B(x_2,y_2)$ ，則 $\overrightarrow{AB}$ $=(x_2-x_1,\ y_2-y_1)$ 。

結論 ： $A(x_1,y_1)$ 、 $B(x_2,y_2)\Rightarrow \overrightarrow{AB}=(x_2-x_1,\ y_2-y_1)$ 。

 Example 8

若 $A(1,5)$、$B(-3,9)$，則 (1) $\overrightarrow{AB}=$？ (2) $|\overrightarrow{AB}|$

 (1) $\overrightarrow{AB}=(-3-1,\ 9-5)=(-4,\ 4)$

(2) $|\overrightarrow{AB}|=\sqrt{(-4)^2+4^2}=\sqrt{32}=4\sqrt{2}$

✏️ 隨堂練習 8 若 $C(2,\ -4)$、$D(-3,\ 8)$，則 (1) $\overrightarrow{DC}=$？ (2) $|\overrightarrow{DC}|=$？

 Example 9

若 $A(1,\ 3)$、$B(5,\ 11)$、$C(9,\ -1)$、$D(10,\ 1)$，則 $\overrightarrow{AB}$ 與 $\overrightarrow{CD}$ 是否平行？

 $\overrightarrow{AB}=(5-1,\ 11-3)=(4,8)$，$\overrightarrow{CD}=(10-9,\ 1-(-1))=(1,2)$
所以 $\overrightarrow{AB}=4\overrightarrow{CD}$，故 $\overrightarrow{AB}$ 與 $\overrightarrow{CD}$ 平行。

✏️ 隨堂練習 9 若 $A(-2,\ 1)$、$B(4,\ 3)$、$C(3,\ -1)$、$D(1,\ 3)$，則 $\overrightarrow{AB}$ 與 $\overrightarrow{CD}$ 是否平行？

4-3-2 用座標表示平面向量的加減法與係數積

設 $\vec{u}=(a, b)$，$\vec{v}=(c, d)$，r 為實數，則

(1) $\vec{u}+\vec{v}=(a+c, b+d)$

(2) $\vec{u}-\vec{v}=(a-c, b-d)$

(3) $r\vec{u}=r(a, b)=(ra, rb)$

 Example 10

若 $\vec{AB}=(2, -1)$，$\vec{CD}=(1, 3)$，$\vec{s}=3\vec{AB}-2\vec{CD}$，則的 $\vec{s}$ 長度為多少？

解 $\vec{s}=3\vec{AB}-2\vec{CD}=3(2, -1)-2(1, 3)=(6, -3)-(2, 6)=(4, -9)$

所以 $|\vec{s}|=\sqrt{4^2+(-9)^2}=\sqrt{97}$

✏ 隨堂練習 10 若 $\vec{AB}=(5, 1)$，$\vec{CD}=(-4, 2)$，$\vec{s}=3\vec{AB}+2\vec{CD}$，則 $\vec{s}$ 的長度為多少？

 Example 11

已知 $A(-4, -1)$、$B(2, 3)$ 兩點，求 $\overline{AB}$ 上一點 C，使 $\overline{AC}:\overline{BC}=3:4$。

解 設 C 之座標為 $C(x, y)$，則

$$\vec{OC}=\vec{OA}+\vec{AC}=\vec{OA}+\frac{3}{7}\vec{AB}=(-4, -1)+\frac{3}{7}(2-(-4), 3-(-1))$$

$$=(-4+\frac{3}{7}\times 6, -1+\frac{3}{7}\times 4)=(-\frac{10}{7}, \frac{5}{7})=(x, y)$$

所以 C 之座標為 $C(-\frac{10}{7}, \frac{5}{7})$

🖊 **隨堂練習11** 已知 $A(-1,5)$、$B(6,-3)$ 兩點，求 $\overline{AB}$ 上一點 C，使 $\overline{AC}:\overline{BC}=2:3$。

4-3-3 空間向量的座標表示法

空間向量的座標表示法與平面向量類似，最大的差異在於平面向量是用 x, y 兩個分量表示，而空間向量是用 x, y, z 三個分量表示。如圖，設 $\vec{u}=\overrightarrow{OP}$，而 P 點的座標為 (a,b,c)，則我們就用 P 的座標 (a, b, c) 來表示向量 $\vec{u}$，記為 $\vec{u}=(a, b, c)$，其中 a、b、c 分別稱為向量 $\vec{u}$ 的 x–分量、y–分量與 z–分量。

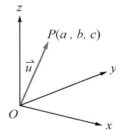

所以 $\vec{u}$ 的長度為 $|\vec{u}|=|\overrightarrow{OP}|=\sqrt{a^2+b^2+c^2}$。

空間向量具有下列性質：

1. 給定 $A(x_1,y_1,z_1)$、$B(x_2,y_2,z_2)$ 兩點，則 $\overrightarrow{AB}=(x_2-x_1, y_2-y_1, z_2-z_1)$。

2. 設 $\vec{u}=(a, b, c)$，則 $|\vec{u}|=\sqrt{a^2+b^2+c^2}$

3. 設 $\vec{u}=(a, b, c)$，$\vec{v}=(d, e, f)$，r 為實數，則

   (1) $\vec{u}+\vec{v}=(a+d, b+e, c+f)$

   (2) $\vec{u}-\vec{v}=(a-d, b-e, c-f)$

   (3) $r\vec{u}=r(a,b,c)=(ra, rb, rc)$

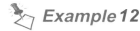 *Example 12*

給定 $A(1,2,3)$、$B(4,2,-1)$、$C(0,5,3)$、$D(4,3,2)$ 四點，則

(1) $\overrightarrow{AB}=?$　$|\overrightarrow{AB}|=?$

(2) $\overrightarrow{CD}=?$　$|\overrightarrow{CD}|=?$

(3) $\overrightarrow{AB}$ 與 $\overrightarrow{CD}$ 是否平行？

 (1) $\overrightarrow{AB}=(4-1,2-2,-1-3)=(3,0,-4)$，　$|\overrightarrow{AB}|=\sqrt{3^2+0^2+(-4)^2}=\sqrt{25}=5$

(2) $\overrightarrow{CD}=(4-0,3-5,2-3)=(4,-2,-1)$，$|\overrightarrow{CD}|=\sqrt{4^2+(-2)^2+(-1)^2}=\sqrt{21}$

(3) 因為 $\overrightarrow{AB}\neq t\overrightarrow{CD}$ $(t\in R)$，所以 $\overrightarrow{AB}$ 與 $\overrightarrow{CD}$ 不平行

隨堂練習 12 給定 $A(-2,0,-1)$、$B(-1,3,0)$、$C(3,-2,3)$、$D(4,0,-2)$ 四點，

則(1) $\overrightarrow{AB}=?$　$|\overrightarrow{AB}|=?$

(2) $\overrightarrow{CD}=?$　$|\overrightarrow{CD}|=?$

(3) $\overrightarrow{AB}$ 與 $\overrightarrow{CD}$ 是否平行？

 Example 13

將一每邊長皆為1單位之正立方體置於空間座標系中，如圖所示，且 $\overline{AE}:\overline{BE}=1：2$，求 $\overrightarrow{OE}$ 的大小？

解 $\overrightarrow{OE} = \overrightarrow{OA} + \overrightarrow{AE} = \overrightarrow{OA} + \dfrac{1}{3}\overrightarrow{AB}$

$= (1,1,1) + \dfrac{1}{3}(1-1, 0-1, 1-1) = (1, \dfrac{2}{3}, 1)$

$\overline{OE} = |\overrightarrow{OE}| = \sqrt{1^2 + (\dfrac{2}{3})^2 + 1^2} = \sqrt{\dfrac{22}{9}} = \dfrac{\sqrt{22}}{3}$

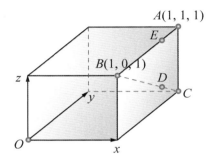

隨堂練習13 同例13之圖，$\overline{BD} : \overline{CD} = 3 : 2$，求 $\overline{OD}$ 的大小？

4-4 🧭 向量的內積

4-4-1 向量的內積的定義

在很多情況下我們往往需要求出兩相交直線的夾角，這時候就可利用向量的內積而加以求出。兩向量 $\vec{A}$ 和 $\vec{B}$ 的內積寫成 $\vec{A} \cdot \vec{B}$，讀作 "$\vec{A}$ dot $\vec{B}$"，定義為 $\vec{A}$ 和 $\vec{B}$ 兩向量的大小與其夾角的餘弦函數的乘積，如下圖所示，其方程式之形式為

$\vec{A}$ 和 $\vec{B}$ 的內積＝$\vec{A} \cdot \vec{B} = |\vec{A}| \times |\vec{B}| \times \cos\theta\,(0° \leqq \theta \leqq 180°)$

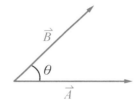

切記向量內積的結果為一純量，而不再是向量。其運算法則為

1. 交換律：$\vec{A} \cdot \vec{B} = \vec{B} \cdot \vec{A}$

2. 分配律：$\vec{A} \cdot (\vec{B} + \vec{C}) = (\vec{A} \cdot \vec{B}) + (\vec{A} \cdot \vec{C})$

3. 與一純量相乘：$r(\vec{A} \cdot \vec{B}) = (r\vec{A}) \cdot \vec{B} = \vec{A} \cdot (r\vec{B})$

4. 兩向量 $\vec{A}$、$\vec{B}$ 垂直時，其內積為零：$\vec{A} \perp \vec{B} \to \vec{A} \cdot \vec{B} = 0\ (\because \cos 90° = 0)$

5. 相同兩向量的內積等於該向量大小的平方：$\vec{A} \cdot \vec{A} = |\vec{A}|^2\ (\because \cos 0° = 1)$

📝 *Example 14*

已知 $\vec{A} \perp \vec{B}$，$|\vec{A}| = 4$，$|\vec{B}| = 3$，求 $(2\vec{A} + 3\vec{B}) \cdot (\vec{A} - 2\vec{B}) = ?$

解 $(2\vec{A} + 3\vec{B}) \cdot (\vec{A} - 2\vec{B}) = 2\vec{A} \cdot \vec{A} - 4\vec{A} \cdot \vec{B} + 3\vec{B} \cdot \vec{A} - 6\vec{B} \cdot \vec{B}$

$= 2|\vec{A}|^2 - \vec{A} \cdot \vec{B} - 6|\vec{B}|^2$

$= 2 \times 4^2 - 0 - 6 \times 3^2 = -22$

✏ 隨堂練習 **14** 已知 $\vec{A} \perp \vec{B}$，$|\vec{A}|=3$，$|\vec{B}|=6$，求 $(3\vec{A}-2\vec{B})\cdot(2\vec{A}-3\vec{B})=?$

4-4-2 平面向量內積的座標表示

設 $\vec{a}=(a_1,a_2)$，$\vec{b}=(b_1,b_2)$，我們如何用 a_1，a_2，b_1，b_2 表示 $\vec{a}\cdot\vec{b}$ 呢？

設 $\overrightarrow{OA}=(a_1,a_2)$ 和 $\overrightarrow{OB}=(b_1,b_2)$ 為任意兩個向量，且兩向量的夾角為 θ，因為

$$\overrightarrow{BA}=\overrightarrow{OA}-\overrightarrow{OB}=(a_1-b_1,\ a_2-b_2)$$

$$|\overrightarrow{BA}|^2=|\overrightarrow{OA}-\overrightarrow{OB}|^2=(\overrightarrow{OA}-\overrightarrow{OB})\cdot(\overrightarrow{OA}-\overrightarrow{OB})$$

$$=|\overrightarrow{OA}|^2+|\overrightarrow{OB}|^2-2\overrightarrow{OA}\cdot\overrightarrow{OB}$$

所以 $\overrightarrow{OA}\cdot\overrightarrow{OB}=\dfrac{1}{2}(|\overrightarrow{OA}|^2+|\overrightarrow{OB}|^2-|\overrightarrow{BA}|^2)$

$$=\dfrac{1}{2}\{(a_1^2+a_2^2)+(b_1^2+b_2^2)-[(a_1-b_1)^2+(a_2-b_2)^2]\}$$

$$=a_1b_1+a_2b_2$$

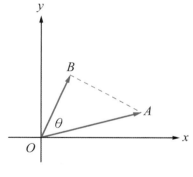

結論： $\overrightarrow{OA}\cdot\overrightarrow{OB}=(a_1,a_2)\cdot(b_1,b_2)=a_1b_1+a_2b_2$

結合向量內積的定義 $\overrightarrow{OA}\cdot\overrightarrow{OB}=|\overrightarrow{OA}||\overrightarrow{OB}|\cos\theta$ 與向量內積的座標表示 $(a_1,a_2)\cdot(b_1,b_2)=a_1b_1+a_2b_2$，向量內積會產生如下之性質：

設 $\vec{a}=(a_1,a_2)$，$\vec{b}=(b_1,b_2)$

1. $\vec{a} \cdot \vec{b} =|\vec{a}||\vec{b}|\cos\theta = a_1b_1 + a_2b_2$

2. 若 $\vec{a}$ 與 $\vec{b}$ 皆不為 $\vec{0}$，則 $\cos\theta = \dfrac{\vec{a} \cdot \vec{b}}{|\vec{a}||\vec{b}|} = \dfrac{a_1b_1 + a_2b_2}{\sqrt{a_1{}^2 + a_2{}^2}\sqrt{b_1{}^2 + b_2{}^2}}$

3. 若向量 $\vec{a}$ 與 $\vec{b}$ 皆不為 $\vec{0}$，$\vec{a} \perp \vec{b} \Leftrightarrow \vec{a} \cdot \vec{b} =0 \Leftrightarrow a_1b_1+a_2b_2=0$

4. 若 $\vec{a}=\vec{b}$，夾角 $\theta=0$，則 $\vec{a} \cdot \vec{a} =|\vec{a}||\vec{a}|\cos0 = |\vec{a}|^2$。

　　其中根據第2點可知由向量內積可求出兩向量（或直線）所夾角度，這也是向量內積十分重要的應用。

 Example 15

　　設 $\vec{a}=(1, 2)$，$\vec{b}=(2, -1)$，求 $\vec{a}$ 與 $\vec{b}$ 的夾角為多少？

 設 $\vec{a}$ 與 $\vec{b}$ 的夾角為 θ

則 $\cos\theta = \dfrac{\vec{a} \cdot \vec{b}}{|\vec{a}||\vec{b}|} = \dfrac{1\times 2 + 2(-1)}{\sqrt{1^2 + 2^2}\sqrt{2^2 + (-1)^2}} = \dfrac{0}{\sqrt{5}\sqrt{5}} =0$

所以夾角 $\theta=90°$，表示 $\vec{a}$ 與 $\vec{b}$ 互相垂直

 隨堂練習 15 設 $\vec{a}=(2, -1)$，$\vec{b}=(3, 6)$，求 $\vec{a}$ 與 $\vec{b}$ 的夾角為多少？

Example 16

設 $\triangle ABC$ 的三頂點為 $A(-1,-4)$、$B(3,-2)$、$C(6,-3)$，求 $\angle B=$？

 $\angle B=\overrightarrow{BA}$ 與 $\overrightarrow{BC}$ 的夾角

故 $\cos B = \dfrac{\overrightarrow{BA}\cdot\overrightarrow{BC}}{|\overrightarrow{BA}||\overrightarrow{BC}|} = \dfrac{(-1-3,-4+2)\cdot(6-3,-3+2)}{\sqrt{(-4)^2+(-2)^2}\sqrt{3^2+(-1)^2}}$

$=\dfrac{-4\times 3+(-2)\times(-1)}{\sqrt{20}\sqrt{10}}=\dfrac{-10}{\sqrt{200}}=\dfrac{-10}{10\sqrt{2}}=-\dfrac{\sqrt{2}}{2}$

所以 $\angle B = 135°$

 隨堂練習 16 設 $\triangle ABC$ 的三頂點為 $A(1,2)$、$B(1,-6)$、$C(1+\sqrt{3},3)$，求 $\angle A=$？

 Example 17

求兩直線 $x-2y+3=0$ 與 $x+3y-5=0$ 相交所夾的角度？

解　先從直線 $x-2y+3=0$ 任意找出兩點 $A(-3,0)$、$B(1,2)$，形成 $\overrightarrow{AB}=(1-(-3),2-0)=(4,2)$。

其次從直線 $x+3y-5=0$ 任意找出兩點 $C(-1,2)$、$D(5,0)$，形成 $\overrightarrow{CD}=(5-(-1),0-2)=(6,-2)$。

兩直線相交所夾的角度等於 $\overrightarrow{AB}$ 與 $\overrightarrow{CD}$ 的夾角 θ 與 $\pi-\theta$

故 $\cos\theta = \dfrac{\overrightarrow{AB}\cdot\overrightarrow{CD}}{|\overrightarrow{AB}||\overrightarrow{CD}|} = \dfrac{(4,2)\cdot(6,-2)}{\sqrt{4^2+2^2}\sqrt{6^2+(-2)^2}}$

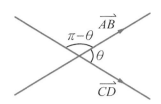

$= \dfrac{4\times6+2\times(-2)}{\sqrt{20}\sqrt{40}} = \dfrac{20}{20\sqrt{2}} = \dfrac{1}{\sqrt{2}} = \dfrac{\sqrt{2}}{2}$

所以 $\theta=45°$，

兩直線 $x-2y+3=0$ 與 $x+3y-5=0$ 相交所夾的角度分別為 $45°$ 與 $135°$

隨堂練習 17　求兩直線 $y-1=0$ 與 $\sqrt{3}\,x+y+1=0$ 相交所夾的角度？

事實上由直線方程式 $ax+by+c=0$ 之係數 a 與 b 所形成之向量 (a, b) 為直線之法向量 $\vec{n}$，由於法向量與直線垂直，所以兩直線之交角恰為其兩法向量之夾角，如右圖所示，其證明頗為容易，讀者可嘗試自行證明：

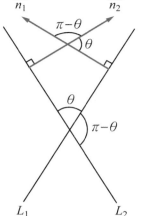

 Example 18

求兩直線 $x-2y+3=0$ 與 $x+3y-5=0$ 相交所夾的角度？

直線 $x-2y+3=0$ 之法向量 $\vec{n}_1=(1, -2)$，直線 $x+3y-5=0$ 之法向量 $\vec{n}_2=(1,3)$。

 兩直線相交所夾的角度等於 $\vec{n}_1$ 與 $\vec{n}_2$ 的夾角 θ 與 $\pi-\theta$

故 $\cos\theta = \dfrac{\vec{n}_1 \cdot \vec{n}_2}{|\vec{n}_1||\vec{n}_2|} = \dfrac{(1,-2)\cdot(1,3)}{\sqrt{1^2+(-2)^2}\sqrt{1^2+3^2}}$

$= \dfrac{1\times1+(-2)\times3}{\sqrt{5}\sqrt{10}} = \dfrac{-5}{5\sqrt{2}} = -\dfrac{1}{\sqrt{2}} = -\dfrac{\sqrt{2}}{2}$

所以 $\theta=135°$，

兩直線 $x-2y+3=0$ 與 $x+3y-5=0$ 相交所夾的角度分別為 $45°$ 與 $135°$

隨堂練習 18 使用法向量求兩直線 $x-1=0$ 與 $\sqrt{3}\,x-y+1=0$ 相交所夾的角度？

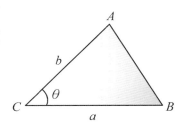

　　向量內積除了可求出兩向量（或直線）所夾角度 θ 以外，可依據此夾角再求出其正弦函數值 $\sin\theta$，最後使用 $\frac{1}{2}ab\sin\theta$ 求出三角形的面積。

 Example 19

　　設 $A(3,8)$、$B(4,9)$、$C(1,3)$，求 ΔABC 的面積。

 $\overrightarrow{CA}=(3-1,8-3)=(2,5)$，$\overrightarrow{CB}=(4-1,9-2)=(3,6)$

$$\cos C=\frac{\overrightarrow{CA}\cdot\overrightarrow{CB}}{|\overrightarrow{CA}||\overrightarrow{CB}|}=\frac{(2,5)\cdot(3,6)}{\sqrt{2^2+5^2}\sqrt{3^2+6^2}}=\frac{2\times3+5\times6}{\sqrt{29}\sqrt{45}}=\frac{36}{3\sqrt{145}}=\frac{12}{\sqrt{145}}$$

則 $\sin C=\sqrt{1-\cos^2 C}=\sqrt{1-(\frac{12}{\sqrt{145}})^2}=\sqrt{\frac{1}{145}}$

故 ΔABC 的面積 $=\frac{1}{2}\overrightarrow{CA}\times\overrightarrow{CB}\times\sin C=\frac{1}{2}\sqrt{29}\times\sqrt{45}\times\sqrt{\frac{1}{145}}=\frac{1}{2}\sqrt{9}=\frac{3}{2}$

 隨堂練習 19　設 $A(1,2)$、$B(3,3)$、$C(-1,4)$，求 ΔABC 的面積。

4-4-3 空間向量內積的座標表示

空間向量內積的座標表示與平面座標相似，最大的差異在於平面向量是用 x, y 兩個分量表示，而空間向量是用 $x，y，z$ 三個分量表示。

空間向量內積會有如下之性質：

設 $\vec{a} = (a_1, a_2, a_3)$ ，$\vec{b} = (b_1, b_2, b_3)$

1. $\vec{a} \cdot \vec{b} = |\vec{a}||\vec{b}|\cos\theta = a_1b_1 + a_2b_2 + a_3b_3$。

2. 若 $\vec{a}$ 與 $\vec{b}$ 皆不為 $\vec{0}$ ，則 $\cos\theta = \dfrac{\vec{a} \cdot \vec{b}}{|\vec{a}||\vec{b}|} = \dfrac{a_1b_1 + a_2b_2 + a_3b_3}{\sqrt{a_1^2 + a_2^2 + a_3^2}\sqrt{b_1^2 + b_2^2 + b_3^2}}$

3. 若向量 $\vec{a}$ 與 $\vec{b}$ 皆不為 $\vec{0}$ ，$\vec{a} \perp \vec{b} \Leftrightarrow \vec{a} \cdot \vec{b} = 0 \Leftrightarrow a_1b_1 + a_2b_2 + a_3b_3 = 0$

4. 若 $\vec{a} = \vec{b}$ ，夾角 $\theta = 0$ ，則 $\vec{a} \cdot \vec{a} = |\vec{a}||\vec{a}|\cos 0 = |\vec{a}|^2$

✎ *Example 20*

設 $\vec{a} = (1, 2, 3)$ ，$\vec{b} = (2, -1, 0)$ ，求 $\vec{a}$ 與 $\vec{b}$ 的夾角為多少？

 設 $\vec{a}$ 與 $\vec{b}$ 的夾角為 θ

則 $\cos\theta = \dfrac{\vec{a} \cdot \vec{b}}{|\vec{a}||\vec{b}|} = \dfrac{1 \times 2 + 2(-1) + 3 \times 0}{\sqrt{1^2 + 2^2 + 3^2}\sqrt{2^2 + (-1)^2 + 0^2}} = \dfrac{0}{\sqrt{14}\sqrt{5}} = 0$

所以夾角 $\theta = 90°$ ，表示 $\vec{a}$ 與 $\vec{b}$ 互相垂直

🖊 隨堂練習 20 設 $\vec{a} = (0, 2, 1)$ ，$\vec{b} = (-2, 2, 1)$ ，若 $\vec{a}$ 與 $\vec{b}$ 的夾角為 θ ，求 $\cos\theta = ?$

數學家的故事四

高斯(Guass，1777～1855)

~ 數學是科學之王，而數論是數學之王 ~

高斯從小就展露他的數學天份，當他十歲時，有一次老師特別出了一個數學難題「1+2+3+4+5+...+98+99+100=？」，本來老師心想這些小學生大概要很久才會解出，沒想到高斯一下子就算出來了，原來高斯的想法是：

$$1 + 2 + 3 + 4 + \cdots\cdots\cdots + 98 + 99 + 100$$
$$+)100 + 99 + 98 + 97 + \cdots\cdots\cdots + 3 + 2 + 1$$
$$\overline{101 + 101 + 101 + 101 + \cdots\cdots\cdots + 101 + 101 + 101 = 10100}$$
$$10100 / 2 = 5050$$

在高斯之前，古希臘的數學家已經知道用圓規和直尺畫出正三、四、五、十五邊形。但是在這之後的二千多年來沒有人知道如何用直尺和圓規畫出正十七邊形，當高斯差一個月滿十九歲時，他就發現正十七邊形作圖法，高斯顯然以此自豪，因此他要求將正十七邊形刻在他的墓碑上，然而後來高斯的紀念碑上卻刻著一顆十七角星，原來是負責刻紀念碑的雕刻家認為：「正十七邊形刻出來之後，每個人都會誤以為是一個圓。」。

高斯在數學上有很多新的發現與貢獻，例如他在20歲時，證明出「代數基本定理」而轟動整個數學界，24歲時高斯出版了「算學研究」一書，這本書是關於數論第一本有系統的著作。由於高斯覺得數論很重要，因此他曾説「數學是科學之王，而數論是數學之王」。1855年高斯因心臟病發逝世，當時漢諾威王為高斯做了一個紀念獎章，獎章上面刻著：「獻給數學王子高斯」，從那以後，高斯就以「數學王子」著稱。

MEMO

習題

4-1

1. 「零向量等於零($\vec{0} = 0$)」這句話對不對？

2. 如圖之正方形 $ACIG$ 由四個小正方形所組成，哪些向量與 $\overrightarrow{EC}$ 相等？

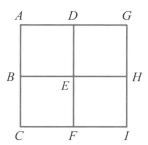

4-2

3. 如圖所示，設四邊形 $ABCD$、$EFGH$、$DCGH$、$ABFE$、$ADHE$ 和 $BCGF$ 都是平行四邊形，$\overrightarrow{BA} = \vec{a}$，$\overrightarrow{BC} = \vec{b}$，$\overrightarrow{BF} = \vec{c}$，試以 $\vec{a}$、$\vec{b}$、$\vec{c}$ 表示 $\overrightarrow{CE}$ 和 $\overrightarrow{AG}$。

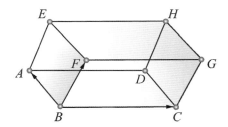

4. 如圖所示，A，B，C 為一直線上的三點，且 $\overrightarrow{AB} : \overrightarrow{BC} = 5 : 3$，若 $\overrightarrow{BA} = r\overrightarrow{AC}$，$\overrightarrow{BC} = s\overrightarrow{AB}$，求 r、s 各是多少？

5. 如圖，試求：

(1)以 $\vec{a}$、$\vec{b}$ 表示 $\overrightarrow{CD}=$?

(2)若 $\overrightarrow{CD}=x\overrightarrow{AB}+y\overrightarrow{EF}$，

則數對 $(x，y)=$?

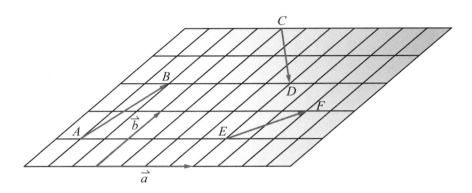

4-3

6. 若 $A(x_1,y_1)$、$B(x_2,y_2)$，試證 $\overrightarrow{AB}=(x_2-x_1,y_2-y_1)$。

7. 若 $A(-2,-5)$、$B(3,2)$，則 (1) $\overrightarrow{AB}=$?   (2) $|\overrightarrow{AB}|=$?

8. 設 $A(1, 2)$、$B(4, -3)$、$C(8, 5)$，求以 A, B, C 為三頂點之平行四邊形的另一頂點為何？

9. 若 $\overrightarrow{AB}=(3,1)$，$\overrightarrow{CD}(4,2)$，$\vec{S}=2\overrightarrow{AB}-3\overrightarrow{CD}$，則 $\vec{S}$ 的長度為多少？

10. (1)設 $A(-3,-1),B(1,3)$，P 在線段 $\overline{AB}$ 上，若 $\overrightarrow{AP}:\overrightarrow{PB}=3:4$，求 P 點座標。

(2)設 $A(-3,-1),B(1,3)$，P 在直線 $\overleftrightarrow{AB}$ 上，若 $\overrightarrow{AP}:\overrightarrow{PB}=3:5$，求 P 點座標。

11. 設 $A(3,2)$，$B(1,-1)$，$C(3,-2)$，若 $\overrightarrow{PA}+2\overrightarrow{PB}+3\overrightarrow{PC}=\vec{0}$，求 P 點座標。

12. 已知 $\vec{a}=(3,2)$，$\vec{b}=(x,1)$，若 $(\vec{a}+2\vec{b})//(2\vec{a}+\vec{b})$，求 x。

13. 設 $A(3,-3)$，$B(1,2)$，$C(a,-1)$，若 A,B,C 三點共線，求 a。

14. 若 $\overrightarrow{AB}=(3,2)$，$\overrightarrow{AC}=(-5,-1)$，則 $\overrightarrow{BC}=$?

15. 給定 $A(-1,0,1)$、$B(-1,2,3)$、$C(0,2,3)$、$D(4,1,2)$四點，則

(1) $\overrightarrow{AB}$ = ?　　$|\overrightarrow{AB}|$ = ?

(2) $\overrightarrow{CD}$ = ?　　$|\overrightarrow{CD}|$ = ?

(3) $\overrightarrow{AB}$ 與 $\overrightarrow{CD}$ 是否平行？

16. 如圖所示，長方體長、寬、高分別為6、4、3單位長，且 $\overline{BI}:\overline{BH}$ =3：4，

求 $\overline{AI}$ 的大小？

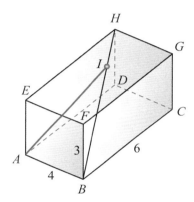

4-4

17. 已知 $\overrightarrow{A} \perp \overrightarrow{B}$ ，$|\overrightarrow{A}|$ =3 ，$|\overrightarrow{B}|$ =2 ，求$(\overrightarrow{A} +2\overrightarrow{B}) \cdot (2\overrightarrow{A} -3\overrightarrow{B})$= ?

18. 設 $\overrightarrow{a}$ = (1, 2), $\overrightarrow{b}$ =(-2, 1) ， $\overrightarrow{c}$ = (0 , 3), 則$(2\overrightarrow{a} -3\overrightarrow{b}) \cdot \overrightarrow{c}$ = ?

19. $\overrightarrow{i}$ =(1,0) ， $\overrightarrow{j}$ =(0,1) ， $\overrightarrow{u}$ =2$\overrightarrow{i} +\overrightarrow{j}$ ， $\overrightarrow{v}$ = $\overrightarrow{i} - \overrightarrow{j}$ ，則$(\overrightarrow{u} -2\overrightarrow{v}) \cdot (\overrightarrow{u} + \overrightarrow{v})$之值

為？

20. 平行四邊形 $ABCD$，$\overrightarrow{AB}$ =4，$\overrightarrow{BC}$ =3，則$\overrightarrow{AC} \cdot \overrightarrow{BD}$ = ?

21. $\triangle ABC$ 中，三頂點為 $A(3,-2)$、$B(-1,-4)$、$C(6,-3)$，求$\angle A$= ?

22. 求兩直線$-x+2y+3$=0與$2x-3y+4$=0交角θ的正弦函數值 $\sin\theta$?

23. 二直線 L_1：$x-2$=0，L_2：$x=-2y+6$所夾鈍角為θ，則 $\cos\theta$ = ?

24. 設向量 $\overrightarrow{a}$ 與另一向量 $\overrightarrow{b}$ =($\sqrt{3}$,1)的夾角是120°，且$|\overrightarrow{a}|$=8，試求向量 $\overrightarrow{a}$ 。

25. 設 $\vec{u}=(k,1)$，$\vec{v}=(5,2)$，求 k 使(1) $\vec{u}$ 和 $\vec{v}$ 垂直　(2) $\vec{u}$ 和 $\vec{v}$ 平行

26. $\triangle ABC$ 中，若 $|\overrightarrow{AB}|=3$，$|\overrightarrow{AC}|=2$，$\triangle ABC$ 之面積為 $\dfrac{3\sqrt{3}}{2}$，則 $\overrightarrow{AB}\cdot\overrightarrow{AC}=?$

27. 設 $\vec{a}=(-1,2,2)$，$\vec{b}=(0,2,3)$，若 $\vec{a}$ 與 $\vec{b}$ 的夾角為 θ，求 $\sin\theta=?$

• 進階題 •

1. 如右圖所示，兩射線 $\overrightarrow{OA}$ 與 $\overrightarrow{OB}$ 交於 O
點，試問下列選項中哪些向量的終點會
落在陰影區域內？

　(A) $\overrightarrow{OA}+2\overrightarrow{OB}$ 　　　　(B) $\dfrac{3}{4}\overrightarrow{OA}+\dfrac{1}{3}\overrightarrow{OB}$

　(C) $\dfrac{3}{4}\overrightarrow{OA}-\dfrac{1}{3}\overrightarrow{OB}$ 　　(D) $\dfrac{3}{4}\overrightarrow{OA}+\dfrac{1}{5}\overrightarrow{OB}$

2. 已知 $|\vec{a}|=1$，$|\vec{b}|=3$，$\vec{a}\cdot\vec{b}=2$，求 $|2\vec{a}-3\vec{b}|=?$

3. 等腰梯形 $ABCD$，$\overrightarrow{AD}//\overrightarrow{BC}$，$\overrightarrow{AB}=(12,-1)$，$\overrightarrow{AD}=(-2,5)$，求 $\overrightarrow{BC}\cdot\overrightarrow{CD}=?$

4. 在座標平面上，$A(150,200)$、$B(146,203)$、$C(-4,3)$、$O(0,0)$，則下列敘述
何者為真？
　(A)四邊形 $ABCO$ 是一個平行四邊形。
　(B)四邊形 $ABCO$ 是一個長方形。
　(C)四邊形 $ABCO$ 的兩對角線互相垂直。
　(D)四邊形 $ABCO$ 的對角線 $\overline{AC}$ 長度大於251。
　(E)四邊形 $ABCO$ 的面積為1250。

5. 如圖所示，長方體長、寬、高分別為6、4、3單位長，直線 AG 與 BH 的
　 交點為 M，求 $\triangle ABM$ 的面積？

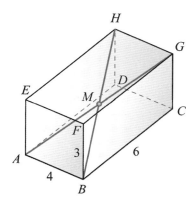

6. 如右圖，$ABCD$–$EFGH$ 為一平行六面體，J 為四邊形 $BCGF$ 的中心，如
　 果 $\overrightarrow{AJ} = a\overrightarrow{AB} + b\overrightarrow{AD} + c\overrightarrow{AE}$ ，則 $(a,b,c) = ?$

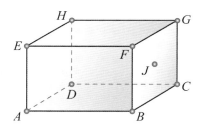

MEMO

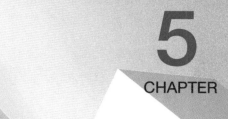

矩陣與行列式

5-1 🔍 一次方程組的解法與矩陣的列運算

5-1-1 一次方程組與高斯消去法

如果我們要解下列的一次方程組，你會如何進行？讓我們來看看一種稱為高斯消去法是如何解出例1之一次方程組：

🚀 *Example 1*

解下列一次方程組 (L)：$\begin{cases} 2x & + & y & + & z & = & 1\cdots\cdots(1) \\ 2x & - & 3y & - & 2z & = & 13\cdots\cdots(2) \\ 4x & - & y & + & 3z & = & 11\cdots\cdots(3) \end{cases}$

解

$\begin{matrix} (1)\times-1+(2) \\ (1)\times-2+(3) \end{matrix} \Rightarrow (L')$：$\begin{cases} 2x & + & y & + & z & = & 1\cdots\cdots(1') \\ & - & 4y & - & 3z & = & 12\cdots\cdots(2') \\ & - & 3y & + & z & = & 9\cdots\cdots(3') \end{cases}$

$\begin{matrix} (2')\times\frac{1}{4}+(1') \\ (2')\times\frac{-3}{4}+(3') \end{matrix} \Rightarrow (L'')$：$\begin{cases} 2x & & & + & \frac{1}{4}z & = & 4\cdots\cdots(1'') \\ & - & 4y & - & 3z & = & 12\cdots\cdots(2'') \\ & & & & \frac{13}{4}z & = & 0\cdots\cdots(3'') \end{cases}$

$\begin{matrix} (3'')\times-\frac{1}{13}+(1'') \\ (3'')\times\frac{12}{13}+(2'') \end{matrix} \Rightarrow (L''')$：$\begin{cases} 2x & = & 4 \\ -4y & = & 12 \\ \frac{13}{4}z & = & 0 \end{cases}$ 故 $\begin{cases} x=2 \\ y=-3 \\ z=0 \end{cases}$

從上例可知高斯消去法的解題過程為：

步驟1 將一次方程組 (L) 利用某個方程組中 x 的係數消去其它方程式中 x 的係數，得出同解的方程組 (L')。

步驟2 利用另一方程式中 y 的係數消去其它方程式中 y 的係數，而得出同解方程組 (L'')。

步驟3　　再利用另一方程式中 z 的係數消去其它方程式中 z 的係數，而得出同解方程組 (L''') 。

　　繼續上面的作法，把另外還有的變數以同樣的方式消去，最後便能得此一次方程組的解。

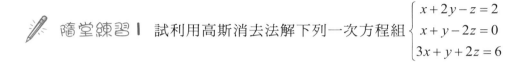 隨堂練習｜ 試利用高斯消去法解下列一次方程組 $\begin{cases} x + 2y - z = 2 \\ x + y - 2z = 0 \\ 3x + y + 2z = 6 \end{cases}$

5-1-2　矩陣的意義

　　在例1之方程組 (L)：$\begin{cases} 2x & + & y & + & z & = & 1 \\ 2x & - & 3y & - & 2z & = & 13 \\ 4x & - & y & + & 3z & = & 11 \end{cases}$ ，將係數與常數項列出

來，成為一個矩形陣列，並用一對括號把這些數圍起來而成為 $\begin{bmatrix} 2 & 1 & 1 & 1 \\ 2 & -3 & -2 & 13 \\ 4 & -1 & 3 & 11 \end{bmatrix}$ ，

像這樣型式的矩形陣列，稱之為矩陣。

矩陣完整的定義如下：

將 n 列序對(a_{i1}, a_{i2}, a_{i3}, $\cdots$, a_{im})，$i=1,2,3,\cdots,n$，依第一列，第二

列，$\cdots$按序由上往下排入[ ]內，形成 $\begin{bmatrix} a_{11},a_{12},a_{13},\cdots,a_{1m} \\ a_{21},a_{22},a_{23},\cdots,a_{2m} \\ \vdots \\ a_{n1},a_{n2},a_{n3},\cdots,a_{nm} \end{bmatrix}$ 稱為 $n\times m$ 階矩陣。

n表示此矩陣有 n 個橫列，m 表示此矩陣有 m 個直行，矩陣中的 a_{ij}

是位於第 i 列第 j 行的元素，稱為此矩陣的 (i,j) 元，可用 $\left[a_{ij} \right]_{n\times m}$ 來表示此

矩陣。當一個矩陣有 n 列 n 行時，我們稱此矩陣為 n 階方陣。

例如下列矩陣：

$\begin{bmatrix} 1 & 0 & 4 & 8 \\ -2 & 2 & 9 & 9 \end{bmatrix}$
2×4矩陣

$\begin{bmatrix} 5 & 4 \\ 1 & 2 \\ 0 & 8 \end{bmatrix}$
3×2矩陣

$\begin{bmatrix} 1 & 0 & -1 \\ 0 & 2 & 0 \\ 7 & 0 & 3 \end{bmatrix}$
3階方陣

$\begin{bmatrix} 5 & 0 & -1 \\ 3 & 2 & 1 \end{bmatrix}$
2×3矩陣

$\begin{bmatrix} 6 & 2 \\ 1 & 8 \end{bmatrix}$
2階方陣

Example 2

已知 $M = \begin{bmatrix} 3 & -1 & 1 & 2 \\ 1 & 6 & 0 & 5 \\ 5 & 2 & -4 & 7 \end{bmatrix}$，試回答下列問題：

(1) M 中$(1,6,0,5)$為第____列

(2) M 中 $\begin{pmatrix} 1 \\ 0 \\ -4 \end{pmatrix}$ 為第____行

(3) M 為_____階矩陣

(4) M 的$(3,2)$元為_____

 (1) $(1,6,0,5)$為第_2_列

(2) M 中 $\begin{pmatrix} 1 \\ 0 \\ -4 \end{pmatrix}$ 為第_3_行

(3) M 為_3×4_階矩陣

(4) M 的$(2,3)$元為_0_

随堂練習**2** 矩陣$A=\begin{bmatrix} 1 & 2 & 4 \\ 3 & 5 & 6 \end{bmatrix}$為_____階矩陣，含有____列____行，

$a_{11} =$ _____，$a_{12} =$ _____，$a_{22} =$ _____，$a_{23} =$ _____。

5-1-3 矩陣的列運算

我們使用高斯消去法求解一次方程組，在求解的過程中，可以把未知數省略不寫，而只將係數與常數項依序放入矩陣來代替，如此就把方程組變形為矩陣，再利用矩陣的列運算，就可解出一次方程組。

其過程如下所示：

$$(L): \begin{cases} 2x & + & y & + & z & = & 1 \\ 2x & - & 3y & - & 2z & = & 13 \\ 4x & - & y & + & 3z & = & 11 \end{cases} \Leftrightarrow M = \begin{bmatrix} 2 & 1 & 1 & 1 \\ 2 & -3 & -2 & 13 \\ 4 & -1 & 3 & 11 \end{bmatrix}$$

$$(L'): \begin{cases} 2x & + & y & + & z & = & 1 \\ & - & 4y & - & 3z & = & 12 \\ & - & 3y & + & z & = & 9 \end{cases} \Leftrightarrow M' = \begin{bmatrix} 2 & 1 & 1 & 1 \\ 0 & -4 & -3 & 12 \\ 0 & -3 & 1 & 9 \end{bmatrix}$$

$$(L''): \begin{cases} 2x & & & + & \frac{1}{4}z & = & 4 \\ & - & 4y & - & 3z & = & 12 \\ & & & & \frac{13}{4}z & = & 0 \end{cases} \Leftrightarrow M'' = \begin{bmatrix} 2 & 0 & \frac{1}{4} & 4 \\ 0 & -4 & -3 & 12 \\ 0 & 0 & \frac{13}{4} & 0 \end{bmatrix}$$

$$(L'''): \begin{cases} 2x & = & 4 \\ -4y & = & 12 \\ \frac{13}{4}z & = & 0 \end{cases} \Leftrightarrow M''' = \begin{bmatrix} 2 & 0 & 0 & 4 \\ 0 & -4 & 0 & 12 \\ 0 & 0 & \frac{13}{4} & 0 \end{bmatrix}$$

故得 $x=2$，$y=-3$，$z=0$

若純粹以矩陣表達此一次方程組的解題過程，將會變成：

$$\begin{bmatrix} 2 & 1 & 1 & 1 \\ 2 & -3 & -2 & 13 \\ 4 & -1 & 3 & 11 \end{bmatrix} \rightarrow \begin{bmatrix} 2 & 1 & 1 & 1 \\ 0 & -4 & -3 & 12 \\ 0 & -3 & 1 & 9 \end{bmatrix} \rightarrow \begin{bmatrix} 2 & 0 & \dfrac{1}{4} & 4 \\ 0 & -4 & -3 & 12 \\ 0 & 0 & \dfrac{13}{4} & 0 \end{bmatrix} \rightarrow \begin{bmatrix} 2 & 0 & 0 & 4 \\ 0 & -4 & 0 & 12 \\ 0 & 0 & \dfrac{13}{4} & 0 \end{bmatrix}$$

上述矩陣的運算過程稱為**矩陣列運算**，其規則如下：

1. 可將一矩陣的某一列乘上某一數值加入另一列。

2. 可將一矩陣的某一列乘以一個不為0的數。

3. 可將一矩陣的某兩列互換位置。

矩陣列運算到最後要達到什麼目標？我們先想一下分數計算到最後要化成最簡分數，同樣的，矩陣列運算到最後要化成簡化矩陣。所謂簡化矩陣指的是在每個不為0的列中，第一個不為0的元所屬的行中，只有這個元不等於0，我們就稱它為一個簡化矩陣。

 Example 3

哪些矩陣是簡化矩陣。

$$A = \begin{bmatrix} 1 & 3 & 0 & 8 \\ 0 & 0 & 0 & 0 \end{bmatrix} \quad B = \begin{bmatrix} 5 & 4 \\ 1 & 0 \\ 0 & 0 \end{bmatrix} \quad C = \begin{bmatrix} 0 & 2 & 0 \\ 0 & 0 & 3 \\ 7 & 0 & 0 \end{bmatrix} \quad D = \begin{bmatrix} 0 & 0 & -1 \\ 3 & 0 & 1 \end{bmatrix}$$

$$E = \begin{bmatrix} 0 & 2 \\ 1 & 0 \end{bmatrix}$$

 $A \cdot C \cdot E$ 均為簡化矩陣。

隨堂練習 3 哪些矩陣是簡化矩陣。

$$A=\begin{bmatrix} 0 & 0 & 0 & 1 \\ 1 & 0 & 0 & 0 \\ 0 & 0 & 0 & 0 \\ 0 & 0 & 0 & 1 \end{bmatrix} \quad B=\begin{bmatrix} 5 & 0 \\ 0 & 0 \\ 0 & 1 \end{bmatrix} \quad C=\begin{bmatrix} 2 & 1 & 0 \\ 0 & 0 & 0 \\ 0 & 3 & 0 \end{bmatrix} \quad D=\begin{bmatrix} 1 & 0 & 0 \\ 0 & 0 & 7 \end{bmatrix} \quad E=\begin{bmatrix} 4 & 1 \\ 0 & 6 \end{bmatrix}$$

 Example 4

以矩陣列運算解下列一次方程組 $\begin{cases} 2x + y - z = 3 \\ -x + 2y + z = -2 \\ x + 3y + 2z = -1 \end{cases}$

 解

$\begin{array}{c} \\ \times 2 \\ \times 2 \end{array}\begin{bmatrix} 2 & 1 & -1 & 3 \\ -1 & 2 & 1 & -2 \\ 1 & 3 & 2 & -1 \end{bmatrix} \rightarrow \begin{array}{c} \\ \times 1 \\ \times 1 \end{array}\begin{bmatrix} 2 & 1 & -1 & 3 \\ -2 & 4 & 2 & -4 \\ 2 & 6 & 4 & -2 \end{bmatrix} \rightarrow \begin{array}{c} \\ \\ \times \frac{1}{5} \end{array}\begin{bmatrix} 2 & 1 & -1 & 3 \\ 0 & 5 & 1 & -1 \\ 0 & 5 & 5 & -5 \end{bmatrix}$

$\begin{array}{c} \times (-1) \\ \rightarrow \times (-5) \\ \\ \end{array}\begin{bmatrix} 2 & 1 & -1 & 3 \\ 0 & 5 & 1 & -1 \\ 0 & 1 & 1 & -1 \end{bmatrix} \rightarrow \begin{array}{c} \\ \times \frac{1}{4} \\ \\ \end{array}\begin{bmatrix} 2 & 0 & -2 & 4 \\ 0 & 0 & -4 & 4 \\ 0 & 1 & 1 & -1 \end{bmatrix} \rightarrow \begin{array}{c} \times (-2) \\ \\ \times 1 \end{array}\begin{bmatrix} 2 & 0 & -2 & 4 \\ 0 & 0 & -1 & 1 \\ 0 & 1 & 1 & -1 \end{bmatrix}$

$\rightarrow \begin{bmatrix} 2 & 0 & 0 & 2 \\ 0 & 0 & -1 & 1 \\ 0 & 1 & 0 & 0 \end{bmatrix}$

故得 $\begin{cases} 2x = 2 \\ -z = 1 \\ y = 0 \end{cases}$，即 $x=1$，$y=0$，$z=-1$

隨堂練習 **4** 以矩陣列運算解下列一次方程組

$$(1)\begin{cases} x - y + 2z = 2 \\ 2x - y + 4z = 5 \\ -x + y + z = 1 \end{cases} \qquad (2)\begin{cases} x - 4y + 2z = -1 \\ 2x - 8y + 4z = -2 \\ -3x + 8y + z = -6 \end{cases}$$

5-2 二階行列式

二階行列式的定義如下：

二階行列式 $\begin{vmatrix} a & b \\ c & d \end{vmatrix} = ad - bc$。（它是左上與右下的乘積減去右上與左下的乘積）根據此定義，二階行列式會產生下列性質：

1. 有一列（行）全為0，其值為0。

$$\begin{vmatrix} 0 & 0 \\ b_1 & b_2 \end{vmatrix} = 0 \quad , \quad \begin{vmatrix} 0 & a_2 \\ 0 & b_2 \end{vmatrix} = 0$$

2. 每一列（行）可提公因數。

$$\begin{vmatrix} ka_1 & ka_2 \\ b_1 & b_2 \end{vmatrix} = k \begin{vmatrix} a_1 & a_2 \\ b_1 & b_2 \end{vmatrix} \ , \ \begin{vmatrix} ka_1 & a_2 \\ kb_1 & b_2 \end{vmatrix} = k \begin{vmatrix} a_1 & a_2 \\ b_1 & b_2 \end{vmatrix}$$

3. 兩列（行）互換，其值變號。

$$\begin{vmatrix} b_1 & b_2 \\ a_1 & a_2 \end{vmatrix} = - \begin{vmatrix} a_1 & a_2 \\ b_1 & b_2 \end{vmatrix} \ , \ \begin{vmatrix} a_2 & a_1 \\ b_2 & b_1 \end{vmatrix} = - \begin{vmatrix} a_1 & a_2 \\ b_1 & b_2 \end{vmatrix}$$

4. 行列互換，其值不變。

$$\begin{vmatrix} a_1 & a_2 \\ b_1 & b_2 \end{vmatrix} = \begin{vmatrix} a_1 & b_1 \\ a_2 & b_2 \end{vmatrix}$$

5. 一列（行）乘以一數加至另一列（行），其值不變。

$$\begin{vmatrix} a_1 & a_2 \\ b_1 & b_2 \end{vmatrix} = \begin{vmatrix} a_1 & a_2 \\ b_1 + ka_1 & b_2 + ka_2 \end{vmatrix} \ , \ \begin{vmatrix} a_1 & a_2 \\ b_1 & b_2 \end{vmatrix} = \begin{vmatrix} a_1 & a_2 + ka_1 \\ b_1 & b_2 + kb_1 \end{vmatrix}$$

 Example 5

求下列行列式之值：

(1) $\begin{vmatrix} 1 & 2 \\ 3 & 4 \end{vmatrix}$　　(2) $\begin{vmatrix} 1 & 2 \\ 0 & 0 \end{vmatrix}$　　(3) $\begin{vmatrix} 100 & 2 \\ 300 & 4 \end{vmatrix}$　　(4) $\begin{vmatrix} 3 & 4 \\ 1 & 2 \end{vmatrix}$　　(5) $\begin{vmatrix} 123 & 50 \\ 246 & 100 \end{vmatrix}$

解 (1) $\begin{vmatrix} 1 & 2 \\ 3 & 4 \end{vmatrix} = 1 \times 4 - 3 \times 2 = 4 - 6 = -2$

(2) $\begin{vmatrix} 1 & 2 \\ 0 & 0 \end{vmatrix} = 0$（∵第二列全為0）

(3) $\begin{vmatrix} 100 & 2 \\ 300 & 4 \end{vmatrix} = 100 \begin{vmatrix} 1 & 2 \\ 3 & 4 \end{vmatrix} = 100 \times (-2) = -200$

(4) $\begin{vmatrix} 3 & 4 \\ 1 & 2 \end{vmatrix} = - \begin{vmatrix} 1 & 2 \\ 3 & 4 \end{vmatrix} = -(-2) = 2$

(5) $\begin{vmatrix} 123 & 50 \\ 246 & 100 \end{vmatrix} = \begin{vmatrix} 123 & 50 \\ 246 - 2 \times 123 & 100 - 2 \times 50 \end{vmatrix} = \begin{vmatrix} 123 & 50 \\ 0 & 0 \end{vmatrix} = 0$

 隨堂練習 **5** 求下列行列式之值

(1) $\begin{vmatrix} 33 & 1 \\ 99 & 3 \end{vmatrix}$ 　　(2) $\begin{vmatrix} 23 & -46 \\ 15 & 20 \end{vmatrix}$ 　　(3) $\begin{vmatrix} 123 & 246 \\ 4 & 12 \end{vmatrix}$

(4) $\begin{vmatrix} 999 & 1001 \\ 1999 & 2001 \end{vmatrix}$ 　　(5) $\begin{vmatrix} 10 & 50 \\ 20 & 100 \end{vmatrix}$ 　　(6) $\begin{vmatrix} -37 & 13 \\ 111 & -26 \end{vmatrix}$

Example 6

證明 $\begin{vmatrix} a+e & b \\ c+f & d \end{vmatrix} = \begin{vmatrix} a & b \\ c & d \end{vmatrix} + \begin{vmatrix} e & b \\ f & d \end{vmatrix}$

證明： $\begin{vmatrix} a+e & b \\ c+f & d \end{vmatrix} = (a+e)d-(c+f)b = (ad-bc)+(ed-bf) = \begin{vmatrix} a & b \\ c & d \end{vmatrix} + \begin{vmatrix} e & b \\ f & d \end{vmatrix}$

隨堂練習 **6** 若 $\begin{vmatrix} a & b \\ c & d \end{vmatrix} = 3$，求(1) $\begin{vmatrix} 5a+3b & b \\ 5c+3d & d \end{vmatrix} = ?$ (2) $\begin{vmatrix} a+3b & a-b \\ c+3d & c-d \end{vmatrix} = ?$

5-3 🚀 三階行列式

三階行列式的定義如下：

給定一個3階方陣，$A = \begin{bmatrix} a_{11} & a_{12} & a_{13} \\ a_{21} & a_{22} & a_{23} \\ a_{31} & a_{32} & a_{33} \end{bmatrix}$，根據這個方陣 A 的元，可以定一出

一個算式稱為方陣 A 的行列式，記為 $\det(A) = \begin{vmatrix} a_{11} & a_{12} & a_{13} \\ a_{21} & a_{22} & a_{23} \\ a_{31} & a_{32} & a_{33} \end{vmatrix}$。

定義一：（直接展開）三階行列式可直接展開如下所述

$$\begin{vmatrix} a_{11} & a_{12} & a_{13} \\ a_{21} & a_{22} & a_{23} \\ a_{31} & a_{32} & a_{33} \end{vmatrix} = (a_{11}a_{22}a_{33}+a_{13}a_{21}a_{32}+a_{12}a_{23}a_{31})-(a_{13}a_{22}a_{31}+a_{12}a_{21}a_{33}+a_{11}a_{23}a_{32})$$

記憶法：

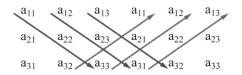

定義二：（降階展開）三階行列式可根據某一行或某一列降成二階行列式

$$\begin{vmatrix} a_{11} & a_{12} & a_{13} \\ a_{21} & a_{22} & a_{23} \\ a_{31} & a_{32} & a_{33} \end{vmatrix} = a_{11}\begin{vmatrix} b_2 & c_2 \\ b_3 & c_3 \end{vmatrix} - a_{12}\begin{vmatrix} a_{21} & a_{23} \\ a_{31} & a_{33} \end{vmatrix} + a_{13}\begin{vmatrix} a_{21} & a_{23} \\ a_{31} & a_{33} \end{vmatrix} \quad （就第一列展開）$$

$$= -a_{21}\begin{vmatrix} a_{12} & a_{13} \\ a_{32} & a_{33} \end{vmatrix} + a_{22}\begin{vmatrix} a_{11} & a_{13} \\ a_{31} & a_{33} \end{vmatrix} - a_{23}\begin{vmatrix} a_{11} & a_{12} \\ a_{31} & a_{32} \end{vmatrix} \quad （就第二列展開）$$

$$= a_{31}\begin{vmatrix} a_{12} & a_{13} \\ a_{22} & a_{23} \end{vmatrix} - a_{32}\begin{vmatrix} a_{11} & a_{13} \\ a_{21} & a_{23} \end{vmatrix} + a_{33}\begin{vmatrix} a_{11} & a_{12} \\ a_{21} & a_{22} \end{vmatrix} \quad （就第三列展開）$$

$$= a_{11}\begin{vmatrix} b_2 & c_2 \\ b_3 & c_3 \end{vmatrix} - a_{21}\begin{vmatrix} a_{12} & a_{13} \\ a_{32} & a_{33} \end{vmatrix} + a_{31}\begin{vmatrix} a_{12} & a_{13} \\ a_{22} & a_{23} \end{vmatrix} \quad （就第一行展開）$$

$$= -a_{12}\begin{vmatrix} a_{21} & a_{23} \\ a_{31} & a_{33} \end{vmatrix} + a_{22}\begin{vmatrix} a_{11} & a_{13} \\ a_{31} & a_{33} \end{vmatrix} - a_{32}\begin{vmatrix} a_{11} & a_{13} \\ a_{21} & a_{23} \end{vmatrix} \quad （就第二行展開）$$

$$= a_{13}\begin{vmatrix} a_{21} & a_{23} \\ a_{31} & a_{33} \end{vmatrix} - a_{23}\begin{vmatrix} a_{11} & a_{12} \\ a_{31} & a_{32} \end{vmatrix} + a_{33}\begin{vmatrix} a_{11} & a_{12} \\ a_{21} & a_{22} \end{vmatrix} \quad （就第三行展開）$$

 **Example 7**

計算行列式 $\begin{vmatrix} 1 & 2 & 3 \\ 4 & 5 & 6 \\ 7 & 8 & 9 \end{vmatrix}$ 的值。

解 $\begin{vmatrix} 1 & 2 & 3 \\ 4 & 5 & 6 \\ 7 & 8 & 9 \end{vmatrix} = (1 \times 5 \times 9 + 3 \times 4 \times 8 + 2 \times 6 \times 7) - (3 \times 5 \times 7 + 2 \times 4 \times 9 + 1 \times 6 \times 8)$

$$= 225 - 225 = 0$$

另解：根據第一列展開

$\begin{vmatrix} 1 & 2 & 3 \\ 4 & 5 & 6 \\ 7 & 8 & 9 \end{vmatrix} = 1\begin{vmatrix} 5 & 6 \\ 8 & 9 \end{vmatrix} - 2\begin{vmatrix} 4 & 6 \\ 7 & 9 \end{vmatrix} + 3\begin{vmatrix} 4 & 5 \\ 7 & 8 \end{vmatrix} = 1 \times (-3) - 2 \times (-6) + 3(-3)$

$$= -3 + 12 - 9 = 0$$

 隨堂練習 **7** 求下列行列式之值

(1) $\begin{vmatrix} 1 & 4 & 3 \\ 4 & 5 & 0 \\ 1 & 2 & -3 \end{vmatrix}$ (2) $\begin{vmatrix} 0 & 2 & 2 \\ 3 & 1 & 4 \\ 1 & -1 & 3 \end{vmatrix}$

根據三階行列式的定義，三階行列式會產生下列性質：

(1) 有一列（行）全為0，其值為0。

$$\begin{vmatrix} 0 & 0 & 0 \\ a_2 & b_2 & c_2 \\ a_3 & b_3 & c_3 \end{vmatrix} = \begin{vmatrix} 0 & b_1 & c_1 \\ 0 & b_2 & c_2 \\ 0 & b_3 & c_3 \end{vmatrix} = 0$$

(2) 任兩列（行）相等或成比例，其值為0。

$$\begin{vmatrix} a_1 & b_1 & kb_1 \\ a_2 & b_2 & kb_2 \\ a_3 & b_3 & kb_3 \end{vmatrix} = \begin{vmatrix} a_1 & b_1 & c_1 \\ a_2 & b_2 & c_2 \\ ka_2 & kb_2 & kc_2 \end{vmatrix} = 0$$

(3) 每一列（行）可提公因數。

$$\begin{vmatrix} ka_1 & kb_1 & kc_1 \\ a_2 & b_2 & c_2 \\ a_3 & b_3 & c_3 \end{vmatrix} = k \begin{vmatrix} a_1 & b_1 & c_1 \\ a_2 & b_2 & c_2 \\ a_3 & b_3 & c_3 \end{vmatrix}$$

(4) 兩列（行）互換，其值變號。

$$\begin{vmatrix} a_1 & b_1 & c_1 \\ a_2 & b_2 & c_2 \\ a_3 & b_3 & c_3 \end{vmatrix} = -\begin{vmatrix} a_3 & b_3 & c_3 \\ a_2 & b_2 & c_2 \\ a_1 & b_1 & c_1 \end{vmatrix} \text{（第一、三列互調）}$$

$$= -\begin{vmatrix} b_1 & a_1 & c_1 \\ b_2 & a_2 & c_2 \\ b_3 & a_3 & c_3 \end{vmatrix} \text{（第一、二行互調）}$$

(5) 行列互換，其值不變。

$$\begin{vmatrix} a_1 & b_1 & c_1 \\ a_2 & b_2 & c_2 \\ a_3 & b_3 & c_3 \end{vmatrix} = \begin{vmatrix} a_1 & a_2 & a_3 \\ b_1 & b_2 & b_3 \\ c_1 & c_2 & c_3 \end{vmatrix}$$

(6) 一列（行）乘以一數加至另一列（行），其值不變。

$$\begin{vmatrix} a_1 & b_1 & c_1 \\ a_2 & b_2 & c_2 \\ a_3 & b_3 & c_3 \end{vmatrix} = \begin{vmatrix} a_1 & b_1 & c_1 \\ a_2+ka_1 & b_2+kb_1 & c_2+kc_1 \\ a_3 & b_3 & c_3 \end{vmatrix}$$

Example 8

$$\begin{vmatrix} 100 & 101 & 102 \\ 200 & 201 & 202 \\ 300 & 301 & 302 \end{vmatrix} = \begin{vmatrix} 100 & 101-100 & 102-100 \\ 200 & 201-200 & 202-200 \\ 300 & 301-300 & 302-300 \end{vmatrix} = \begin{vmatrix} 100 & 1 & 2 \\ 200 & 1 & 2 \\ 300 & 1 & 2 \end{vmatrix} = 0$$

（將第一行×−1分別加到第二、三行）　（第二、三行成比例）

 隨堂練習 8　求下列行列式之值 $\begin{vmatrix} 2 & -1 & 6 \\ 5 & 1 & -3 \\ -100 & 50 & -299 \end{vmatrix}$

 Example 9

$$\begin{vmatrix} 123 & 246 & 369 \\ 23 & -23 & 46 \\ 1 & 1 & 1 \end{vmatrix} = 123 \times 23 \begin{vmatrix} 1 & 2 & 3 \\ 1 & -1 & 2 \\ 1 & 1 & 1 \end{vmatrix} = 123 \times 23 \begin{vmatrix} 1 & 2-1 & 3-1 \\ 1 & -1-1 & 2-1 \\ 1 & 1-1 & 1-1 \end{vmatrix}$$

(第一列提出123，第二列提出23) (將第一行×−1分別加到第二、三行)

$$=123 \times 23 \begin{vmatrix} 1 & 1 & 2 \\ 1 & -2 & 1 \\ 1 & 0 & 0 \end{vmatrix} = 123 \times 23 \times [(0+0+1)-(-4+0+0)]$$

$$=123 \times 23 \times 5 = 14145$$

隨堂練習 9　求下列行列式之值 $\begin{vmatrix} 20 & -10 & 15 \\ 15 & 21 & -3 \\ 28 & 14 & 21 \end{vmatrix}$

Example 10

證明 $\begin{vmatrix} a+a' & d & g \\ b+b' & e & h \\ c+c' & f & i \end{vmatrix} = \begin{vmatrix} a & d & g \\ b & e & h \\ c & f & i \end{vmatrix} + \begin{vmatrix} a' & d & g \\ b' & e & h \\ c' & f & i \end{vmatrix}$

證明：$\begin{vmatrix} a+a' & d & g \\ b+b' & e & h \\ c+c' & f & i \end{vmatrix}$

$= [(a+a')ei + g(b+b')f + dh(c+c')] - [ge(c+c') + d(b+b')i + (a+a')hf]$

$= (aei + gbf + dhc) - (gec + dbi + ahf) + (a'ei + gb'f + dhc') - (gec' + db'i + a'hf)$

$= \begin{vmatrix} a & d & g \\ b & e & h \\ c & f & i \end{vmatrix} + \begin{vmatrix} a' & d & g \\ b' & e & h \\ c' & f & i \end{vmatrix}$

✏️ 隨堂練習 **10** 若 $\begin{vmatrix} 1 & a & d \\ 2 & b & e \\ 3 & c & f \end{vmatrix} = 5$ ，則 $\begin{vmatrix} 2a+3 & 1 & d \\ 2b+6 & 2 & e \\ 2c+9 & 3 & f \end{vmatrix} = ?$

5-4 🧭 行列式的應用

5-4-1 克拉瑪公式解二元一次方程組

　　二元一次方程組的解可透過克拉瑪公式來求出，其中解題過程需使用二階行列式，克拉瑪公式如下所述：

　　二元一次方程組 $\begin{cases} a_1 x + b_1 y = c_1 \\ a_2 x + b_2 y = c_2 \end{cases}$ ，其中 x, y 是未知數，

設 $\Delta = \begin{vmatrix} a_1 & b_1 \\ a_2 & b_2 \end{vmatrix}$ ， $\Delta_x = \begin{vmatrix} c_1 & b_1 \\ c_2 & b_2 \end{vmatrix}$ ， $\Delta_y = \begin{vmatrix} a_1 & c_1 \\ a_2 & c_2 \end{vmatrix}$ 。

當$\Delta \neq 0$時，方程組恰有一解 $x = \dfrac{\Delta x}{\Delta}$ ， $y = \dfrac{\Delta y}{\Delta}$ 。

當$\Delta = \Delta_x = \Delta_y = 0$，方程組有無限多解。

當$\Delta = 0$，而Δ_x、Δ_y至少有一不為0時，方程組無解。

 Example 11

解 $\begin{cases} 2x - y = 3 \\ x + 4y = 5 \end{cases}$

 $\Delta = \begin{vmatrix} 2 & -1 \\ 1 & 4 \end{vmatrix} = 8 - (-1) = 9$ ， $\Delta_x = \begin{vmatrix} 3 & -1 \\ 5 & 4 \end{vmatrix} = 12 - (-5) = 17$ ， $\Delta_y = \begin{vmatrix} 2 & 3 \\ 1 & 5 \end{vmatrix} = 10 - 3 = 7$

所以 $x = \dfrac{\Delta_x}{\Delta} = \dfrac{17}{9}$ ， $y = \dfrac{\Delta_y}{\Delta} = \dfrac{7}{9}$

 隨堂練習 11 用克拉瑪公式解 $\begin{cases} x + 2y = 3 \\ -3x + 5y = 2 \end{cases}$

Example 12

試就實數 k 之值，討論方程組 $\begin{cases} (k+1)x + 4y = 4 \\ x + (k-2)y = 1 \end{cases}$ 之解。

$\Delta = \begin{vmatrix} k+1 & 4 \\ 1 & k-2 \end{vmatrix} = (k+1)(k-2)-4 = k^2-k-6 = (k-3)(k+2)$

$\Delta_x = \begin{vmatrix} 4 & 4 \\ 1 & k-2 \end{vmatrix} = 4(k-2)-4 = 4k-12 = 4(k-3)$ ， $\Delta_y = \begin{vmatrix} k+1 & 4 \\ 1 & 1 \end{vmatrix} = k+1-4 = k-3$

所以當 $k \neq 3$、-2，方程組有唯一解 $x = \dfrac{4}{k+2}$ ， $y = \dfrac{1}{k+2}$

當 $k = 3$，$\Delta=\Delta_x=\Delta_y=0$，所以無限多解，此時方程組變成 $\begin{cases} 4x + 4y = 4 \\ x + y = 1 \end{cases}$ ，這

時此無限多解可以表示為 $x=1-t$，$y=t$ $(t \in \mathbb{R})$

當 $k = -2$，$\Delta=0$但Δ_x、$\Delta_y \neq 0$，故無解

 隨堂練習 12 試就a之值討論方程組 $\begin{cases} ax + 2y = 4 \\ 6x + (a+1)y = a+5 \end{cases}$ 之解。

5-4-2　克拉瑪公式解三元一次方程組

三元一次方程組的解也可透過克拉瑪公式來求出，其中解題過程需使用三階行列式，克拉瑪公式如下所述：

三元一次方程組 $\begin{cases} a_1x + b_1y + c_1z = d_1 \\ a_2x + b_2y + c_2z = d_2 \\ a_3x + b_3y + c_3z = d_3 \end{cases}$ ，其中 x, y, z 為未知數

設 $\Delta = \begin{vmatrix} a_1 & b_1 & c_1 \\ a_2 & b_2 & c_2 \\ a_3 & b_3 & c_3 \end{vmatrix}$ ， $\Delta_x = \begin{vmatrix} d_1 & b_1 & c_1 \\ d_2 & b_2 & c_2 \\ d_3 & b_3 & c_3 \end{vmatrix}$ ， $\Delta_y = \begin{vmatrix} a_1 & d_1 & c_1 \\ a_2 & d_2 & c_2 \\ a_3 & d_3 & c_3 \end{vmatrix}$ ， $\Delta_z = \begin{vmatrix} a_1 & b_1 & d_1 \\ a_2 & b_2 & d_2 \\ a_3 & b_3 & d_3 \end{vmatrix}$

當 $\Delta \neq 0$ 時，方程組恰有一解 $x = \dfrac{\Delta_x}{\Delta}$ ， $y = \dfrac{\Delta_y}{\Delta}$ ， $z = \dfrac{\Delta_z}{\Delta}$ 。

當 $\Delta = \Delta_x = \Delta_y = 0$ ，方程組有無限多解或無解。

當 $\Delta = 0$ ，而 Δ_x 、 Δ_y 、 Δ_z 至少有一不為0時，方程組無解。

Example 13

解 $\begin{cases} 2x + y - 3z = 0 \\ 6x + 3y - 8z = 0 \\ 2x - y + 5z = -4 \end{cases}$

$\Delta = \begin{vmatrix} 2 & 1 & -3 \\ 6 & 3 & -8 \\ 2 & -1 & 5 \end{vmatrix} = (30+18-16)-(-18+30+16) = 4$

$\Delta_x = \begin{vmatrix} 0 & 1 & -3 \\ 0 & 3 & -8 \\ -4 & -1 & 5 \end{vmatrix} = (0+0+32)-(36+0+0) = -4$

$\Delta_y = \begin{vmatrix} 2 & 0 & -3 \\ 6 & 0 & -8 \\ 2 & -4 & 5 \end{vmatrix} = (0+72+0)-(0+0+64) = 8$

$$\Delta_z = \begin{vmatrix} 2 & 1 & 0 \\ 6 & 3 & 0 \\ 2 & -1 & -4 \end{vmatrix} = (-24+0+0)-(0-24+0) = 0$$

所以 $x = \dfrac{\Delta_x}{\Delta} = \dfrac{-4}{4} = -1$ ，$y = \dfrac{\Delta_y}{\Delta} = \dfrac{8}{4} = 2$ ，$z = \dfrac{\Delta_z}{\Delta} = \dfrac{0}{4} = 0$

 隨堂練習 13 用克拉瑪公式解 $\begin{cases} x + 2y - z = 2 \\ -x + y + 2z = 2 \\ 3x - y + z = 3 \end{cases}$

Example 14

解方程組 $\begin{cases} (a-1)x - y + z = a+1 \\ 2x - ay + 2z = 6 \\ x - 2y + (a-3)z = 4 \end{cases}$ ，則(1)當 $a = ?$ 時方程組有無限多組解，

(2)當 $a = ?$ 時方程組無解。

解 $\Delta = \begin{vmatrix} a-1 & -1 & 1 \\ 2 & -a & 2 \\ 1 & -2 & a-3 \end{vmatrix} = 0$, $(a-4)(a+2)(a-2)=0$ ∴ $a=4$、2、-2

$a=4$ $\begin{cases} 3x-y+z=5\cdots\cdots(1) \\ 2x-4y+2z=6\cdots\cdots(2), (2)-2\times(3)\Rightarrow 0=-2 \quad \therefore 無解 \\ x-2y+z=4\cdots\cdots(3) \end{cases}$

$a=2$ $\begin{cases} x-y+z=3\cdots\cdots(1) \\ 2x-2y+2z=6\cdots\cdots(2), (2)-2\times(1)\Rightarrow 0=0 \\ x-2y-z=4 \end{cases}$

∴無限多解

$a=-2$ $\begin{cases} -3x-y+z=-1\cdots\cdots(1) \\ 2x+2y+2z=6\cdots\cdots(2) \\ x-2y-5z=4\cdots\cdots(3) \end{cases}$ $\Rightarrow$ $\begin{matrix} 3\times(3)+(1): \\ 2\times(3)-(2): \end{matrix}$ $\begin{cases} -7y-14z=11\cdots\cdots(4) \\ -6y-12z=2\cdots\cdots(5) \end{cases}$

$\Rightarrow -\dfrac{6}{7}\times(4)+(5): 0=-\dfrac{52}{7}$ ∴無解

故 $a=2$，方程組有無限多組解；$a=-2, 4$，方程組無解。

 隨堂練習 14 就k之值討論方程組之解 $\begin{cases} x+y-z=1 \\ 2x+3y+kz=3 \\ x+ky+3z=2 \end{cases}$

5-4-3 行列式求面積與體積

我們可以使用二階行列式求出平行四邊形與三角形的面積，使用三階行列式求出平行六面體與四面體的體積，其說明如下：

1. 二階行列式求平行四邊形面積

設 $\vec{a} = (a_1, a_2)$、$\vec{b} = (b_1, b_2)$，如圖所示，由 $\vec{a}$ 與 $\vec{b}$ 所張開的平行四邊形面積 $= \begin{vmatrix} a_1 & a_2 \\ b_1 & b_2 \end{vmatrix}$ 的絕對值

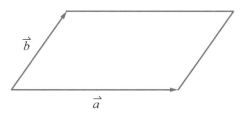

2. 二階行列式求三角形面積

設 $\vec{a} = (a_1, a_2)$、$\vec{a} = (b_1, b_2)$，如圖所示，由 $\vec{a}$ 與 $\vec{b}$ 所張開的三角形面積 $= \dfrac{1}{2} \begin{vmatrix} a_1 & a_2 \\ b_1 & b_2 \end{vmatrix}$ 的絕對值

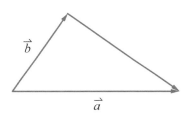

3. 三階行列式求平行六面體的體積

設 $\vec{a} = (a_1, a_2, a_3)$、$\vec{b} = (b_1, b_2, b_3)$、$\vec{c} = (c_1, c_2, c_3)$，如圖所示，由 $\vec{a}$、$\vec{b}$、$\vec{c}$ 所張開的平行六面體體積 $= \begin{vmatrix} a_1 & a_2 & a_3 \\ b_1 & b_2 & b_3 \\ c_1 & c_2 & c_3 \end{vmatrix}$ 的絕對值

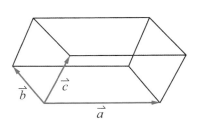

4. 三階行列式求四面體的體積

設 $\vec{a} = (a_1, a_2, a_3)$、$\vec{b} = (b_1, b_2, b_3)$、$\vec{c} = (c_1, c_2, c_3)$，如圖所示，由 $\vec{a}$、$\vec{b}$、$\vec{c}$ 所張開的四面體體積 $= \dfrac{1}{6} \begin{vmatrix} a_1 & a_2 & a_3 \\ b_1 & b_2 & b_3 \\ c_1 & c_2 & c_3 \end{vmatrix}$ 的絕對值

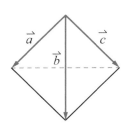

 Example 15

已知 $A(3,8)$、$B(1,3)$、$C(2,4)$、$D(4,9)$四點，求

(1) 由 A、B、C、D 所構成之平行四邊形面積？

(2) 由 A、B、C 所構成之三角形面積？

 (1) $\overrightarrow{BA} = (2,5)$，$\overrightarrow{BC} = (1,1)$，$\begin{vmatrix} 2 & 5 \\ 1 & 1 \end{vmatrix} = 2-5 = -3$，

故平行四邊形面積$=3$

(2) $\overrightarrow{BA} = (2,5)$，$\overrightarrow{BC} = (1,1)$，$\dfrac{1}{2}\begin{vmatrix} 2 & 5 \\ 1 & 1 \end{vmatrix} = -\dfrac{3}{2}$，

故三角形面積$=\dfrac{3}{2}$

另解：$\overrightarrow{BA} = (2,5)$，$\overrightarrow{BC} = (1,1)$，$\cos B = \dfrac{\overrightarrow{BA} \cdot \overrightarrow{BC}}{|\overrightarrow{BA}||\overrightarrow{BC}|} = \dfrac{(2,5)\cdot(1,1)}{\sqrt{2^2+5^2}\sqrt{1^2+1^2}}$

$$= \dfrac{2\times1+5\times1}{\sqrt{29}\sqrt{2}} = \dfrac{7}{\sqrt{58}}$$

則 $\sin B = \sqrt{1-\cos^2 B} = \sqrt{1-(\dfrac{7}{\sqrt{58}})^2} = \sqrt{\dfrac{9}{58}}$

故$\triangle ABC$ 的面積$=\dfrac{1}{2}\overrightarrow{BA}\times\overrightarrow{BC}\times\sin B = \dfrac{1}{2}\sqrt{29}\times\sqrt{2}\times\sqrt{\dfrac{9}{58}} = \dfrac{1}{2}\sqrt{9} = \dfrac{3}{2}$

隨堂練習 15 已知 $A(2,4)$、$B(3,1)$、$C(1,-2)$、$D(4,1)$ 四點，求

(1) 由 A、B、C、D 所構成之平行四邊形面積？

(2) 由 A、B、C 所構成之三角形面積？

 Example 16

已知 $A(0,2,0)$、$B(1,0,3)$、$C(5,4,1)$、$D(7,9,7)$ 四點，求

(1) 由 $\overrightarrow{AB}$、$\overrightarrow{AC}$、$\overrightarrow{AD}$ 所張開的平行六面體體積？

(2) 由 $\overrightarrow{AB}$、$\overrightarrow{AC}$、$\overrightarrow{AD}$ 所張開的四面體體積？

 (1) $\overrightarrow{AB}=(1,-2,3)$，$\overrightarrow{AC}=(5,2,1)$，$\overrightarrow{AD}=(7,7,7)$，

$$\begin{vmatrix} 1 & -2 & 3 \\ 5 & 2 & 1 \\ 7 & 7 & 7 \end{vmatrix}=7\begin{vmatrix} 1 & -2 & 3 \\ 5 & 2 & 1 \\ 1 & 1 & 1 \end{vmatrix}=7[(2+15-2)-(6-10+1)]=7\times 18=126$$

故平行六面體體積=126

(2) $\dfrac{1}{6}\begin{vmatrix} 1 & -2 & 3 \\ 5 & 2 & 1 \\ 7 & 7 & 7 \end{vmatrix}=\dfrac{1}{6}\times 126=21$，故四面體體積=21

隨堂練習 16 已知 $A(1,2,1)$、$B(3,1,3)$、$C(-2,5,0)$、$D(1,1,-1)$ 四點，求

(1) 由 $\overrightarrow{AB}$、$\overrightarrow{AC}$、$\overrightarrow{AD}$ 所張開的平行六面體體積？

(2) 由 $\overrightarrow{AB}$、$\overrightarrow{AC}$、$\overrightarrow{AD}$ 所張開的四面體體積？

 Example 17

空間中四點 $A(1,2,3), B(-3,1,1), C(2,-1,2), D(a,0,-1)$ 共平面，求 a 之值。

解 空間中 A、B、C、D 四點共平面

⇒ 由 $\overrightarrow{AB}$、$\overrightarrow{AC}$、$\overrightarrow{AD}$ 所張開的平行六面體體積=0

而 $\overrightarrow{AB}=(-4,-1,-2)$，$\overrightarrow{AC}=(1,-3,-1)$，$\overrightarrow{AD}=(a-1,-2,-4)$，

$$\begin{vmatrix} -4 & -1 & -2 \\ 1 & -3 & -1 \\ a-1 & -2 & -4 \end{vmatrix} = (-48+4+a-1)-(6a-6+4-8)= -5a-35$$

令 $-5a-35=0$，得 $a=-7$

🖋 隨堂練習 **17** 空間中四點 $A(0,3,n+3), B(5,2,1-n), C(1,2,1), D(2,3,n)$ 共平面，求 $n=$ ？

數學家的故事五

希爾伯特(David Hilbert，1862～1943)

~數學研究需要自己的問題，重要問題歷來是推動數學前進的槓桿~

　　如果有人問二十世紀最傑出的數學家是誰，這個答案非希爾伯特不可，因為希爾伯特他在數學的成就是多方面的，例如不變式論、代數數域理論、幾何基礎、一般數學基礎、多維空間、積分方程和物理學等等都有他的貢獻，而這些貢獻開啟了現代數學的大門。

　　1900年第二屆國際數學家大會在巴黎召開，希爾伯特做了一個著名演說，他強調「數學研究需要自己的問題，重要問題歷來是推動數學前進的槓桿」，因此他在大會上提出23個尚未解決的數學問題，這就是有名的希爾伯特23個問題。從此刻開始，有許多數學家投入解決此23個問題，而這過程也無形當中促成現代數學的進步。

希爾伯特 23 個問題：

1. 連續統假設
2. 算術公理體系的相容性
3. 兩等高、等底的四面體體積相等問題
4. 兩點以直線為最短距離
5. 不給所定義群的函數做可微性假設的李氏概念
6. 物理學的公理化
7. 某些數的無理性與超越性
8. 質數分佈問題
9. 任意數域中一般的互反律的證明
10. Diophantus 方程的可解性判別
11. 係數為任意代數數的二次式
12. Abel 域上 Kronecker 定理推廣到任意代數有理域
13. 用兩個變量解一般七次方程的不可能性
14. 證明某類完全函數系的有限性
15. 舒伯特計數演算的嚴格基礎
16. 代數曲線和代數曲面的基礎
17. 半正定形式的平方和表示
18. 由全等多面體構造空間
19. 正則變分問題的解是否一定解析
20. 一般邊值問題
22. 由自守函數構成的解析函數單值化
21. 具有給定單值群的線性微分方程的存在性證明
23. 變分方法的進一步發展

MEMO

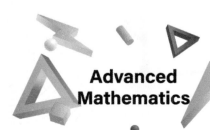

習 題 π ≒3.14

5-1

1. 以高斯消去法解出下列之一次方程組：

(1) $\begin{cases} 3x+4y=7 \\ x+2y=3 \end{cases}$
(2) $\begin{cases} 2x+y-3z=0 \\ x-y+z=1 \\ 3x-2y-z=0 \end{cases}$
(3) $\begin{cases} 2x+y-2z=1 \\ 2x+2y-z=3 \\ 2x-3y-6z=-7 \end{cases}$

2. 已知 $M = \begin{bmatrix} 1 & 2 & 3 \\ 4 & 5 & 6 \\ 7 & 8 & 9 \end{bmatrix}$，試回答下列問題：

(1) M 中 $(4,5,6)$ 為第____列
(2) M 中 $\begin{pmatrix} 1 \\ 4 \\ 7 \end{pmatrix}$ 為第____行

(3) M 為____階矩陣
(4) M 的 $(2,3)$ 元為____

3. 哪些矩陣是簡化矩陣。

(A) $\begin{bmatrix} 1 & 0 \\ 3 & 4 \end{bmatrix}$
(B) $\begin{bmatrix} 2 & 1 \\ 0 & 4 \end{bmatrix}$
(C) $\begin{bmatrix} 3 & 0 & 5 & 8 \\ 0 & 2 & 9 & 6 \end{bmatrix}$
(D) $\begin{bmatrix} 3 & 0 \\ 0 & 2 \\ 0 & 0 \end{bmatrix}$
(E) $\begin{bmatrix} 1 & 0 & 0 \\ 0 & 2 & 0 \\ 0 & 0 & 3 \end{bmatrix}$

4. 以矩陣列運算解下列一次方程組：

(1) $\begin{cases} 3x+4y=12 \\ 6x+8y=20 \end{cases}$
(2) $\begin{cases} 2x+3y=1 \\ -x+4y=2 \end{cases}$
(3) $\begin{cases} x+2y+z=0 \\ 2x+y-4z=14 \\ 3x-5y-2z=0 \end{cases}$

(4) $\begin{cases} x-2y+3z=1 \\ 2x+y-3z=1 \\ 3x-y+2z=1 \end{cases}$
(5) $\begin{cases} x-y+2z=4 \\ 2x-y+2z=1 \\ 5x-3y+6z=6 \end{cases}$

5. 對以下的矩陣作列運算化到最簡形式（即化成簡化矩陣）

(1) $\begin{bmatrix} 1 & 3 & 2 \\ 2 & 1 & 0 \\ 0 & 1 & 4 \end{bmatrix}$　　(2) $\begin{bmatrix} 1 & 2 & -2 & 2 \\ 2 & -1 & 4 & 3 \\ 3 & 1 & -2 & 0 \end{bmatrix}$

5-2

6. 求下列行列式之值：

(1) $\begin{vmatrix} 5 & -6 \\ 7 & -8 \end{vmatrix}$　　(2) $\begin{vmatrix} -6 & 7 \\ -8 & -9 \end{vmatrix}$　　(3) $\begin{vmatrix} 12 & -20 \\ -21 & 25 \end{vmatrix}$

(4) $\begin{vmatrix} 2 & 5 \\ 4 & 25 \end{vmatrix}$　　(5) $\begin{vmatrix} 15 & -20 \\ 21 & -28 \end{vmatrix}$　　(6) $\begin{vmatrix} 1996 & 1997 \\ 1998 & 1999 \end{vmatrix}$

7. 若 $\begin{vmatrix} a & b \\ c & d \end{vmatrix} = 2$，則　(1) $\begin{vmatrix} 3a & 4b \\ 3c & 4d \end{vmatrix} = ?$　(2) $\begin{vmatrix} 3a - 2b & a + 5b \\ 3c - 2d & c + 5d \end{vmatrix} = ?$

8. 若 $\begin{vmatrix} x+1 & 3 \\ 2x+2 & x-1 \end{vmatrix} = 0$，則 $x = ?$

9. 下列何者為真？

(A) $\begin{vmatrix} a & b \\ c & d \end{vmatrix} = -\begin{vmatrix} c & d \\ a & b \end{vmatrix}$　　(B) $\begin{vmatrix} a & b \\ c & d \end{vmatrix} = \begin{vmatrix} d & b \\ c & a \end{vmatrix}$　　(C) $\begin{vmatrix} a & b \\ c & d \end{vmatrix} = \begin{vmatrix} -a & -b \\ -c & -d \end{vmatrix}$

(D) $\begin{vmatrix} a+3c & b+3d \\ c & d \end{vmatrix} = \begin{vmatrix} a & b \\ c & d \end{vmatrix}$　　(E) $\begin{vmatrix} a & b \\ 3a & 3b \end{vmatrix} = \begin{vmatrix} 5c & 5d \\ c & d \end{vmatrix}$

(F) $\begin{vmatrix} a & b \\ c & d \end{vmatrix} = -\begin{vmatrix} c & d \\ a & b \end{vmatrix} = -\begin{vmatrix} b & a \\ d & c \end{vmatrix}$

5-3

10. 求下列行列式之值：(1) $\begin{vmatrix} 10 & -26 & 34 \\ 20 & 52 & -68 \\ 30 & 91 & -119 \end{vmatrix}$　　(2) $\begin{vmatrix} 20 & 25 & 30 \\ -12 & 18 & 36 \\ 14 & -7 & -21 \end{vmatrix}$

11. 下列敘述何者正確？

(A) $\begin{vmatrix} a & b & c \\ d & e & f \\ g & h & i \end{vmatrix} = \begin{vmatrix} g & h & i \\ d & e & f \\ a & b & c \end{vmatrix}$

(B) $\begin{vmatrix} a & b & c \\ d & e & f \\ g & h & i \end{vmatrix} = \begin{vmatrix} a & d & g \\ b & e & h \\ c & f & i \end{vmatrix}$

(C) $\begin{vmatrix} ka & b & c \\ d & ke & f \\ g & h & ki \end{vmatrix} = k\begin{vmatrix} a & b & c \\ d & e & f \\ g & h & i \end{vmatrix}$

(D) $\begin{vmatrix} a & b & c \\ kd & ke & kf \\ g & h & i \end{vmatrix} = \begin{vmatrix} ka & b & c \\ kd & e & f \\ kg & h & i \end{vmatrix}$

(E) $\begin{vmatrix} a & b & c-x \\ d & e & f-y \\ g & h & i-z \end{vmatrix} = \begin{vmatrix} a & b & c \\ d & e & f \\ g & h & i \end{vmatrix} - \begin{vmatrix} a & b & x \\ d & e & y \\ g & h & z \end{vmatrix}$

12. 下列選項中的行列式，哪些與行列式 $\begin{vmatrix} a_1 & a_2 & a_3 \\ b_1 & b_2 & b_3 \\ c_1 & c_2 & c_3 \end{vmatrix}$ 相等？

(A) $\begin{vmatrix} a_1 & a_2 & a_3 \\ c_1 & c_2 & c_3 \\ b_1 & b_2 & b_3 \end{vmatrix}$

(B) $\begin{vmatrix} a_1 & b_1 & c_1 \\ a_2 & b_2 & c_2 \\ a_3 & b_3 & c_3 \end{vmatrix}$

(C) $\begin{vmatrix} a_1 & a_2 & a_3 \\ b_1-c_1 & b_2-c_2 & b_3-c_3 \\ c_1 & c_2 & c_3 \end{vmatrix}$

(D) $\begin{vmatrix} a_1 & a_2 & a_3 \\ b_1 \cdot c_1 & b_2 \cdot c_2 & b_3 \cdot c_3 \\ c_1 & c_2 & c_3 \end{vmatrix}$

(E) $-\begin{vmatrix} a_3 & a_2 & a_1 \\ b_3 & b_2 & b_1 \\ c_3 & c_2 & c_1 \end{vmatrix}$

13. 若 $\begin{vmatrix} a_1 & a_2 & a_3 \\ b_1 & b_2 & b_3 \\ c_1 & c_2 & c_3 \end{vmatrix} = 2$，求 $\begin{vmatrix} a_3-a_1 & a_2 & a_3 \\ b_3-b_1 & b_2 & b_3 \\ c_3-c_1 & c_2 & c_3 \end{vmatrix} = ?$

5-4

14. 利用克拉瑪公式解

(1) $\begin{cases} 3x+4y=10 \\ 5x+3y=13 \end{cases}$

(2) $\begin{cases} x+4y=6 \\ 2x+8y=-4 \end{cases}$

(3) $\begin{cases} x-y-2z=1 \\ x-y+z=2 \\ -x+y-2z=1 \end{cases}$

(4) $\begin{cases} x+y-z=1 \\ x+2y+3z=9 \\ x+3y+z=4 \end{cases}$

(5) $\begin{cases} x-y+2z=1 \\ 2x+y+z=2 \\ -x+y-2z=-1 \end{cases}$

15. 試由 a 討論 $\begin{cases} ax - 3y = 1 \\ 2x + y = 2 - a \end{cases}$ 之解

16. 若方程組 $\begin{cases} (1-a)x - 2y = 0 \\ 3x + ay = 0 \end{cases}$ 除 $x = 0, y = 0$ 外，尚有其他解，則 $a = ?$

17. 就 k 之值討論方程組之解 $\begin{cases} kx + y + z = 1 \\ x + ky + z = 1 \\ x + y + 3z = 1 \end{cases}$

18. (1) 設 $A(2,4)$，$B(3,-1)$，$C(-5,-2)$，求 $\triangle ABC$ 的面積。

    (2) 設 $A(1,a)$，$B(-3,4)$，$C(-2,-3)$ 三點共線，則 $a = ?$

19. 設 $\triangle ABC$ 之三頂點為 $A(-1,2)$、$B(1,4)$、$C(4,k)$，若 $\triangle ABC$ 的面積為 6，則 $k = ?$

20. $A(1,2,1)$，$B(2,-1,2)$，$C(1,2,3)$，$D(-t-1,t,1)$ 為空間中四點，且由 $ABCD$ 決定的四面體體積為 10，求 t。

• 進階題 •

1. 設矩陣 $A = [a_{ij}]_{n \times n} = \begin{bmatrix} 1 & 3 & 6 & 10 & \cdots \\ 2 & 5 & 9 & \cdots & \cdots \\ 4 & 8 & \cdots & \cdots & \cdots \\ 7 & \cdots & \cdots & \cdots & \cdots \\ \cdots & \cdots & \cdots & \cdots & \cdots \end{bmatrix}_{n \times n}$，試求 a_{55}。

2. 設 $\begin{vmatrix} a_1 & a_2 & a_3 \\ b_1 & b_2 & b_3 \\ c_1 & c_2 & c_3 \end{vmatrix} = 5$，則 $\begin{vmatrix} a_2 + a_3 & 2a_1 + a_2 & a_1 - 3a_3 \\ b_2 + b_3 & 2b_1 + b_2 & b_1 - 3b_3 \\ c_2 + c_3 & 2c_1 + c_2 & c_1 - 3c_3 \end{vmatrix} = ?$

3. 證明 $\begin{vmatrix} 1 & 1 & 1 \\ a & b & c \\ bc & ca & ab \end{vmatrix} = (a-b)(b-c)(c-a)$

附　錄 APPENDIX

一、三角函數表

$x°$	$\sin x \approx$	$\cos x \approx$	$\tan x \approx$	$\cot x \approx$	$\sec x \approx$	$\csc x \approx$	$x°$
0	0.0000	1.0000	0.0000	∞	1.0000	∞	0
0.5	0.0087	1.0000	0.0087	114.5887	1.0000	114.5930	0.5
1	0.0175	0.9998	0.0175	57.2900	1.0002	57.2987	1
1.5	0.0262	0.9997	0.0262	38.1885	1.0003	38.2016	1.5
2	0.0349	0.9994	0.0349	28.6363	1.0006	28.6537	2
2.5	0.0436	0.9990	0.0437	22.9038	1.0010	22.9256	2.5
3	0.0523	0.9986	0.0524	19.0811	1.0014	19.1073	3
3.5	0.0610	0.9981	0.0612	16.3499	1.0019	16.3804	3.5
4	0.0698	0.9976	0.0699	14.3007	1.0024	14.3356	4
4.5	0.0785	0.9969	0.0787	12.7062	1.0031	12.7455	4.5
5	0.0872	0.9962	0.0875	11.4301	1.0038	11.4737	5
5.5	0.0958	0.9954	0.0963	10.3854	1.0046	10.4334	5.5
6	0.1045	0.9945	0.1051	9.5144	1.0055	9.5668	6
6.5	0.1132	0.9936	0.1139	8.7769	1.0065	8.8337	6.5
7	0.1219	0.9925	0.1228	8.1443	1.0075	8.2055	7
7.5	0.1305	0.9914	0.1317	7.5958	1.0086	7.6613	7.5
8	0.1392	0.9903	0.1405	7.1154	1.0098	7.1853	8
8.5	0.1478	0.9890	0.1495	6.6912	1.0111	6.7655	8.5
9	0.1564	0.9877	0.1584	6.3138	1.0125	6.3925	9
9.5	0.1650	0.9863	0.1673	5.9758	1.0139	6.0589	9.5

$x°$	$\sin x \approx$	$\cos x \approx$	$\tan x \approx$	$\cot x \approx$	$\sec x \approx$	$\csc x \approx$	$x°$
10	0.1736	0.9848	0.1763	5.6713	1.0154	5.7588	10
10.5	0.1822	0.9833	0.1853	5.3955	1.0170	5.4874	10.5
11	0.1908	0.9816	0.1944	5.1446	1.0187	5.2408	11
11.5	0.1994	0.9799	0.2035	4.9152	1.0205	5.0159	11.5
12	0.2079	0.9781	0.2126	4.7046	1.0223	4.8097	12
12.5	0.2164	0.9763	0.2217	4.5107	1.0243	4.6202	12.5
13	0.2250	0.9744	0.2309	4.3315	1.0263	4.4454	13
13.5	0.2334	0.9724	0.2401	4.1653	1.0284	4.2837	13.5
14	0.2419	0.9703	0.2493	4.0108	1.0306	4.1336	14
14.5	0.2504	0.9681	0.2586	3.8667	1.0329	3.9939	14.5
15	0.2588	0.9659	0.2679	3.7321	1.0353	3.8637	15
15.5	0.2672	0.9636	0.2773	3.6059	1.0377	3.7420	15.5
16	0.2756	0.9613	0.2867	3.4874	1.0403	3.6280	16
16.5	0.2840	0.9588	0.2962	3.3759	1.0429	3.5209	16.5
17	0.2924	0.9563	0.3057	3.2709	1.0457	3.4203	17
17.5	0.3007	0.9537	0.3153	3.1716	1.0485	3.3255	17.5
18	0.3090	0.9511	0.3249	3.0777	1.0515	3.2361	18
18.5	0.3173	0.9483	0.3346	2.9887	1.0545	3.1515	18.5
19	0.3256	0.9455	0.3443	2.9042	1.0576	3.0716	19
19.5	0.3338	0.9426	0.3541	2.8239	1.0608	2.9957	19.5
20	0.3420	0.9397	0.3640	2.7475	1.0642	2.9238	20
20.5	0.3502	0.9367	0.3739	2.6746	1.0676	2.8555	20.5
21	0.3584	0.9336	0.3839	2.6051	1.0711	2.7904	21
21.5	0.3665	0.9304	0.3939	2.5386	1.0748	2.7285	21.5

$x°$	$\sin x\approx$	$\cos x\approx$	$\tan x\approx$	$\cot x\approx$	$\sec x\approx$	$\csc x\approx$	$x°$
22	0.3746	0.9272	0.4040	2.4751	1.0785	2.6695	22
22.5	0.3827	0.9239	0.4142	2.4142	1.0824	2.6131	22.5
23	0.3907	0.9205	04245	2.3559	1.0864	2.5593	23
23.5	0.3987	0.9171	0.4348	2.2998	1.0904	2.5078	23.5
24	0.4067	0.9135	0.4452	2.2460	1.0946	2.4586	24
24.5	0.4147	0.9100	0.4557	2.1943	1.0989	2.4114	24.5
25	0.4226	0.9063	0.4663	2.1445	1.1034	2.3662	25
25.5	0.4305	0.9026	0.4770	2.0965	1.1079	2.3228	25.5
26	0.4384	0.8988	0.4877	2.0503	1.1126	2.2812	26
26.5	0.4462	0.8949	0.4986	2.0057	1.1174	2.2412	26.5
27	0.4540	0.8910	0.5095	1.9626	1.1223	2.2027	27
27.5	0.4617	0.8870	0.5206	1.9210	1.1274	2.1657	27.5
28	0.4695	0.8829	0.5317	1.8807	1.1326	2.1301	28
28.5	0.4772	0.8788	0.5430	1.8418	1.1379	2.0957	28.5
29	0.4848	0.8746	0.5543	1.8040	1.1434	2.0627	29
29.5	0.4924	0.8704	0.5658	1.7675	1.1490	2.0308	29.5
30	0.5000	0.8660	0.5774	1.7321	1.1547	2.0000	30
30.5	0.5075	0.8616	0.5890	1.6977	1.1606	1.9703	30.5
31	0.5150	0.8572	0.6009	1.6643	1.1666	1.9416	31
31.5	0.5225	0.8526	0.6128	1.6319	1.1728	1.9139	31.5
32	0.5299	0.8480	0.6249	1.6003	1.1792	1.8871	32
32.5	0.5373	0.8434	0.6371	1.5697	1.1857	1.8612	32.5
33	0.5446	0.8387	0.6494	1.5399	1.1924	1.8361	33
33.5	0.5519	0.8339	0.6619	1.5108	1.1992	1.8118	33.5

$x°$	$\sin x \approx$	$\cos x \approx$	$\tan x \approx$	$\cot x \approx$	$\sec x \approx$	$\csc x \approx$	$x°$
34	0.5592	0.8290	0.6745	1.4826	1.2062	1.7883	34
34.5	0.5664	0.8241	0.6873	1.4550	1.2134	1.7655	34.5
35	0.5736	0.8192	0.7002	1.4281	1.2208	1.7434	35
35.5	0.5807	0.8141	0.7133	1.4019	1.2283	1.7221	35.5
36	0.5878	0.8090	0.7265	1.3764	1.2361	1.7013	36
36.5	0.5948	0.8039	0.7400	1.3514	1.2440	1.6812	36.5
37	0.6018	0.7986	0.7536	1.3270	1.2521	1.6616	37
37.5	0.6088	0.7934	0.7673	1.3032	1.2605	1.6427	37.5
38	0.6157	0.7880	0.7813	1.2799	1.2690	1.6243	38
38.5	0.6225	0.7826	0.7954	1.2572	1.2778	1.6064	38.5
39	0.6293	0.7771	0.8098	1.2349	1.2868	1.5890	39
39.5	0.6361	0.7716	08243	1.2131	1.2960	1.5721	39.5
40	0.6428	0.7660	0.8391	1.1918	1.3054	1.5557	40
40.5	0.6494	0.7604	0.8541	1.1708	1.3151	1.5398	40.5
41	0.6561	0.7547	0.8693	1.1504	1.3250	1.5243	41
41.5	0.6626	0.7490	0.8847	1.1303	1.3352	1.5092	41.5
42	0.6691	0.7431	0.9004	1.1106	1.3456	1.4945	42
42.5	0.6756	0.7373	0.9163	1.0913	1.3563	1.4802	42.5
43	0.6820	0.7314	0.9325	1.0724	1.3673	1.4663	43
43.5	0.6884	0.7254	0.9490	1.0538	1.3786	1.4527	43.5
44	0.6947	0.7193	0.9657	1.0355	1.3902	1.4396	44
44.5	0.7009	0.7133	0.9827	1.0176	1.4020	1.4267	44.5
45	0.7071	0.7071	1.0000	1.0000	1.4142	1.4142	45
45.5	0.7133	0.7009	1.0176	0.9827	1.4267	1.4020	45.5

$x°$	$\sin x \approx$	$\cos x \approx$	$\tan x \approx$	$\cot x \approx$	$\sec x \approx$	$\csc x \approx$	$x°$
46	0.7193	0.6947	1.0355	0.9657	1.4396	1.3902	46
46.5	0.7254	0.6884	1.0538	0.9490	1.4527	1.3786	46.5
47	0.7314	0.6820	1.0724	0.9325	1.4663	1.3673	47
47.5	0.7373	0.6756	1.0913	0.9163	1.4802	1.3563	47.5
48	0.7431	0.6691	1.1106	0.9004	1.4945	1.3456	48
48.5	0.7490	0.6626	1.1303	0.8847	1.5092	1.3352	48.5
49	0.7547	0.6561	1.1504	0.8693	1.5243	1.3250	49
49.5	0.7604	0.6494	1.1708	0.8541	1.5398	1.3151	49.5
50	0.7660	0.6428	1.1918	0.8391	1.5557	1.3054	50
50.5	0.7716	0.6361	1.2131	0.8243	1.5721	1.2960	50.5
51	0.7771	0.6293	1.2349	0.8098	1.5890	1.2868	51
51.5	0.7826	0.6225	1.2572	0.7954	1.6064	1.2778	51.5
52	0.7880	0.6157	1.2799	0.7813	1.6243	1.2690	52
52.5	0.7934	0.6088	1.3032	0.7673	1.6427	1.2605	52.5
53	0.7986	0.6018	1.3270	0.7536	1.6616	1.2521	53
53.5	0.8039	0.5948	1.3514	0.7400	1.6812	1.2440	53.5
54	0.8090	0.5878	1.3764	0.7265	1.7013	1.2361	54
54.5	0.8141	0.5807	1.4019	0.7133	1.7221	1.2283	54.5
55	0.8192	0.5736	1.4281	0.7002	1.7434	1.2208	55
55.5	0.8241	0.5664	1.4550	0.6873	1.7655	1.2134	55.5
56	0.8290	0.5592	1.4826	0.6745	1.7883	1.2062	56
56.5	0.8339	0.5519	1.5108	0.6619	1.8118	1.1992	56.5
57	0.8387	0.5446	1.5399	0.6494	1.8361	1.1924	57
57.5	0.8434	0.5373	1.5697	0.6371	1.8612	1.1857	57.5

$x°$	$\sin x \approx$	$\cos x \approx$	$\tan x \approx$	$\cot x \approx$	$\sec x \approx$	$\csc x \approx$	$x°$
58	0.8480	0.5299	1.6003	0.6249	1.8871	1.1792	58
58.5	0.8526	0.5225	1.6319	0.6128	1.9139	1.1728	58.5
59	0.8572	0.5150	1.6643	0.6009	1.9416	1.1666	59
59.5	0.8616	0.5075	1.6977	0.5890	1.9703	1.1606	59.5
60	0.8660	0.5000	1.7321	0.5774	2.0000	1.1547	60
60.5	0.8704	0.4924	1.7675	0.5658	2.0308	1.1490	60.5
61	0.8746	0.4848	1.8040	0.5543	2.0627	1.1434	61
61.5	0.8788	0.4772	1.8418	0.5430	2.0957	1.1379	61.5
62	0.8829	0.4695	1.8807	0.5317	2.1301	1.1326	62
62.5	0.8870	0.4617	1.9210	0.5206	2.1657	1.1274	62.5
63	0.8910	0.4540	1.9626	0.5095	2.2027	1.1223	63
63.5	0.8949	0.4462	2.0057	0.4986	2.2412	1.1174	63.5
64	0.8988	0.4384	2.0503	0.4877	2.2812	1.1126	64
64.5	0.9026	0.4305	2.0965	0.4770	2.3228	1.1079	64.5
65	0.9063	0.4226	2.1445	0.4663	2.3662	1.1034	65
65.5	0.9100	0.4147	2.1943	0.4557	2.4114	1.0989	65.5
66	0.9135	0.4067	2.2460	0.4452	2.4586	1.0946	66
66.5	0.9171	0.3987	2.2998	0.4348	2.5078	1.0904	66.5
67	0.9205	0.3907	2.3559	0.4245	2.5593	1.0864	67
67.5	0.9239	0.3827	2.4142	0.4142	2.6131	1.0824	67.5
68	0.9272	0.3746	2.4751	0.4040	2.6695	1.0785	68
68.5	0.9304	0.3665	2.5386	0.3939	2.7285	1.0748	68.5
69	0.9336	0.3584	2.6051	0.3839	2.7904	1.0711	69
69.5	0.9367	0.3502	2.6746	0.3739	2.8555	1.0676	69.5

$x°$	$\sin x \approx$	$\cos x \approx$	$\tan x \approx$	$\cot x \approx$	$\sec x \approx$	$\csc x \approx$	$x°$
70	0.9397	0.3420	2.7475	0.3640	2.9238	1.0642	70
70.5	0.9426	0.3338	2.8239	0.3541	2.9957	1.0608	70.5
71	0.9455	0.3256	2.9042	0.3443	3.0716	1.0576	71
71.5	0.9483	0.3173	2.9887	0.3346	3.1515	1.0545	71.5
72	0.9511	0.3090	3.0777	0.3249	3.2361	1.0515	72
72.5	0.9537	0.3007	3.1716	0.3153	3.3255	1.0485	72.5
73	0.9563	0.2924	3.2709	0.3057	3.4203	1.0457	73
73.5	0.9588	0.2840	3.3759	0.2962	3.5209	1.0429	73.5
74	0.9613	0.2756	3.4874	0.2867	3.6280	1.0403	74
74.5	0.9636	0.2672	3.6059	0.2773	3.7420	1.0377	74.5
75	0.9659	0.2588	3.7321	0.2679	3.8637	1.0353	75
75.5	0.9681	0.2504	3.8667	0.2586	3.9939	1.0329	75.5
76	0.9703	0.2419	4.0108	0.2493	4.1336	1.0306	76
76.5	0.9724	0.2334	4.1653	0.2401	4.2837	1.0284	76.5
77	0.9744	0.2250	4.3315	0.2309	4.4454	1.0263	77
77.5	0.9763	0.2164	4.5107	0.2217	4.6202	1.0243	77.5
78	0.9781	0.2079	4.7046	0.2126	4.8097	1.0223	79
78.5	0.9799	0.1994	4.9152	0.2035	5.0159	1.0205	78.5
79	0.9816	0.1908	5.1446	0.1944	5.2408	1.0187	79
79.5	0.9833	0.1822	5.3955	0.1853	5.4874	1.0170	79.5
80	0.9848	0.1736	5.6713	0.1763	5.7588	1.0154	80
80.5	0.9863	0.1650	5.9758	0.1673	6.0589	1.0139	80.5
81	0.9877	0.1564	6.3138	0.1584	6.3925	1.0125	81
81.5	0.9890	0.1478	6.6912	0.1495	6.7655	1.0111	81.5

$x°$	$\sin x \approx$	$\cos x \approx$	$\tan x \approx$	$\cot x \approx$	$\sec x \approx$	$\csc x \approx$	$x°$
82	0.9903	0.1392	7.1154	0.1405	7.1853	1.0098	82
82.5	0.9914	0.1305	7.5958	0.1317	7.6613	1.0086	82.5
83	0.9925	0.1219	8.1443	0.1228	8.2055	1.0075	83
83.5	0.9936	0.1132	8.7769	0.1139	8.8337	1.0065	83.5
84	0.9945	0.1045	9.5144	0.1051	9.5668	1.0055	84
84.5	0.9954	0.0958	10.385	0.0963	10.433	1.0046	84.5
85	0.9962	0.0872	11.430	0.0875	11.473	1.0038	855
85.5	0.9969	0.0785	12.706	0.0787	12.745	1.0031	85.5
86	0.9976	0.0698	14.300	0.0699	14.335	1.0024	86
86.5	0.9981	0.0610	16.349	0.0612	16.380	1.0019	86.5
87	0.9986	0.0523	19.081	0.0524	19.107	1.0014	87
87.5	0.9990	0.0436	22.903	0.0437	22.925	1.0010	87.5
88	0.9994	0.0349	28.636	0.0349	28.653	1.0006	88
88.5	0.9997	0.0262	38.188	0.0262	38.201	1.0003	88.55
89	0.9998	0.0175	57.289	0.0175	57.298	1.0002	89
89.5	1.0000	0.0087	114.58	0.0087	114.59	1.0000	89.5
90	1.0000	0.0000	∞	0.0000	∞	1.0000	90

二、進階數學解答

 隨堂練習

■ 第一章

1. $-3 < -2 < 0 < 1 < 5$

2. -4，16

3. $42\dfrac{5}{8}$

4. 14

5. 台灣動物區$(5,-13)$，企鵝館$(-3,13)$

6. (1)第四象限　(2)第三象限

7. $\overline{AB} = \sqrt{5} > \overline{BC} = \sqrt{2}$

8. $(2, 4)$

9. $(-4,-1)$

10. $A(4,0,0)$，$B(4,10,0)$，$C(0,10,0)$，$D(0,0,6)$，$E(4,0,6)$，$F(4,10,6)$，$G(0,10,6)$

11. $A(1,0,0)$，$B(0,2,0)$，$C(0,0,3)$，$\overline{PA} = \sqrt{13}$，$\overline{PB} = \sqrt{10}$，$\overline{PC} = \sqrt{5}$

12. $\sqrt{13}$

13. (1)$(4,0,7)$　(2)$(\dfrac{7}{2},0,\dfrac{13}{2})$

■ 第二章

1. 略

2. 略

3. 最大值6，最小值−4

4. 最大值7，最小值−3

5. A產品每月生產20噸，B產品每月生產20噸，最大獲利300萬元

6. 甲倉庫出貨0公斤到A地，出貨10公斤到B地；

   乙倉庫出貨20公斤到A地，出貨0公斤到B地；

   此時運費最少為7,000（元）

■ 第三章

1. (1) $\dfrac{\pi}{18}$　(2) $\dfrac{\pi}{3}$　(3) $\dfrac{41}{360}\pi$　(4) $\dfrac{10821}{21600}\pi$

2. (1)90°　(2)45°　(3)30°　(4) $\dfrac{180°}{\pi}$

3. AD

4. $\sin B = \dfrac{4}{5}$，$\cos B = \dfrac{3}{5}$，$\tan A = \dfrac{4}{3}$，$\cot A = \dfrac{3}{4}$，$\sec A = \dfrac{5}{3}$，$\csc A = \dfrac{5}{4}$。

5. 略

6. $\dfrac{3}{2}$

7. 30°

8. $\dfrac{x}{\sqrt{1-x^2}}$

9. $\dfrac{3}{8}$

10. (1) $\dfrac{1}{2}$　(2) 0　(3) $-\dfrac{\sqrt{3}}{2}$　(4) 1　(5) $-\sqrt{2}$

11. (1)sin45°　(2)cos30°

12. (1)0.9848　(2)0.6428　(3)0.3640　(4)-5.7588

13. $\cos(-\dfrac{\pi}{2}) = \cos\dfrac{\pi}{2} < \cos 0$

14. 2個

15. 4

16. $\dfrac{2}{3}\sqrt{3}$

17. $1:3:2$

18. $\sqrt{17}$

19. (1) $\dfrac{1}{5}$　(2)銳角

20. $\dfrac{200}{\sqrt{3}}$

21. 300公尺

22. $500\sqrt{6}$ 公尺

23. 20

■ 第四章

1. $\overrightarrow{EH} = \overrightarrow{AD} = \overrightarrow{DG} = \overrightarrow{BE} = \overrightarrow{FI} = \overrightarrow{CF}$

2. $\vec{a} + \vec{b} = \vec{c}$ ，$\vec{e} + \vec{f} = \vec{d}$

3. $\overrightarrow{BD} = -\vec{a} + 2\vec{b}$

4. $\overrightarrow{AB} = -\dfrac{3}{2}\overrightarrow{AC}$ ，$\overrightarrow{BC} = -\dfrac{5}{3}\overrightarrow{AB}$

5. $\overrightarrow{BC} = \dfrac{2}{3}\vec{a} + \vec{b}$ ，$(x, y) = (-\dfrac{2}{7}, \dfrac{5}{7})$

6. 等長

7. $\overrightarrow{AB} = (4, -5)$

8. $\overrightarrow{DC} = (-5, 12)$ ，$|\overrightarrow{DC}| = 13$

9. 不平行

10. $\vec{s} = 7\sqrt{2}$

11. $C(\dfrac{9}{5}, \dfrac{9}{5})$

12. (1) $\overrightarrow{AB} = (1, 3, 1)$ ，$|\overrightarrow{AB}| = \sqrt{11}$　　(2) $\overrightarrow{CD} = (1, 2, -5)$ ，$|\overrightarrow{CD}| = \sqrt{30}$

　　(3)不平行

13. $\overrightarrow{OD} = \dfrac{\sqrt{38}}{5}$

14. 270

15. 90°

16. 120°

17. 60°與120°

18. 30°與150°

19. 3

20. $\dfrac{\sqrt{5}}{3}$

■ 第五章

1. $x = 1$，$y = 1$，$z = 1$

2. 2×3階，2列3行，$a_{11}=1$，$a_{12}=2$，$a_{22}=5$，$a_{23}=6$

3. BD

4. (1) $x = 1$，$y = 1$，$z = 1$　　(2) $x = 1$，$y = 1$，$z = 1$

5. (1) 0　　(2) 1150　　(3) 492　　(4) −2000　　(5) 0　　(6) −481

6. (1) 15　　(2) −12

7. (1) 42　　(2) −18

8. 7

9. 7980

10. −10

11. (1, 1)

12. $a \neq -4$與3時，$x = \dfrac{2}{a+4}$，$y = \dfrac{a+8}{a+4}$；$a = -4$時，無解；$a = 3$時，無限多解

13. $x = 1$，$y = 1$，$z = 1$

14. $k \neq -3$與2時，$x = 1$，$y = \dfrac{1}{k+3}$，$z = \dfrac{1}{k+3}$；$k = -3$時，無解；$k = 2$時，無限多解

15. (1) 9　　(2) $\dfrac{9}{2}$

16. (1) 5　　(2) $\dfrac{5}{6}$

17. $n = 6$

 習　題

■ 第一章

1. $\dfrac{38}{5}$

2. $\dfrac{28}{3}$

3. $-1, 7$

4. 向左走20公尺

5. 5, 4, 15, 6

6. 第四象限

7. $\left(0, \dfrac{29}{8}\right)$

8. $(-2, 2)$

9. $(1, 2)$

10. 2

11. -2

12. $A(0,0,0)$，$B(0,4,0)$，$C(-5,4,0)$，$D(-5,0,0)$，$E(0,0,2)$，$F(0,4,2)$，
    $G(-5,4,2)$，$H(-5,0,2)$

13. 5

14. $(0,0,\pm\sqrt{3})$

15. $(3,1,5)$

16. $(1,2,3)$

17. $(6,6,5)$

■ 進階題

1. 瓢蟲：路徑$=\sqrt{50}$，速率$=1$，時間$=\dfrac{\sqrt{50}}{1}=\sqrt{50}\approx 7.1$

   螞蟻：路徑$==\sqrt{80}$，速率$=1.2$，時間$=\dfrac{\sqrt{80}}{1.2}\approx 7.5$

   瓢蟲先抵達 B 點

2. $(0,0,0)$或$(4,4,4)$

■ 第二章

1. 略

2. 略

3. 略

4. $\dfrac{25}{4}$

5. 12

6. 6

7. $\dfrac{27}{2}$

8. 1

9. (1)最大值5，最小值－3　　(2)最大值2，最小值1/3

10. 4萬元投資甲項目，6萬元投資乙項目，最大利潤7萬元

11. 買進水梨250公斤與橘子750公斤，方使收益最大為12500元

12. 租大教室2間、小教室4間，租金最少為1600元

13. 全家出貨8套，7-11出貨 5套，最大獲利3100元

14. 需小貨車 5 輛，大貨車 2 輛，花費最省為 4100 元

■ 進階題

1. $a=2$，$b=1$，$c=-1$

2. 8

3. 9

■ 第三章

1. (1) $\dfrac{7}{6}\pi$　　(2) $\dfrac{5}{4}\pi$　　(3) $\dfrac{4}{135}\pi$　　(4) $\dfrac{421}{64800}\pi$

2. (1)540°　　(2)450°　　(3)150°　　(4) $(\dfrac{2\pi}{45})°$

3. BD

4. 20°，－340°

5. $2-\sqrt{2}$

6. $\sqrt{1-x^2}$

7. $\dfrac{\sqrt{3}}{2}$

8. 10

9. (1) $\dfrac{\sqrt{3}}{2}$ (2) $\sqrt{3}$ (3) $60°$

10. (1) $-\dfrac{\sqrt{2}}{2}$ (2) $-\dfrac{1}{2}$ (3) -1 (4) $\sqrt{3}$ (5) 2 (6) 2

11. (1) 0.9063 (2) 0.8290

12. 第三象限

13. $\cos\dfrac{\pi}{3} < \sin\dfrac{\pi}{3} < \tan\dfrac{\pi}{3}$

14. 4

15. $-\dfrac{5}{3}$

16. 12

17. $12\sqrt{3}$

18. 6

19. $9\sqrt{3}$

20. (1) 7：10：5 (2) 20

21. $45°$

22. (1) $\sqrt{6}$ (2) $\sqrt{2}$

23. $\angle B = 45°$ 或 $135°$

24. $c = 5\sqrt{3}$

25. $\dfrac{7}{8}$

26. (1) 3：5：7 (2) $\dfrac{13}{14}$ (3) $15\sqrt{3}$

27. $200\sqrt{3}$

28. $\dfrac{500}{3}(3\sqrt{2}+\sqrt{6})$公尺

29. $\dfrac{500}{\sqrt{3}-1}$公尺

30. $100\sqrt{15}$公尺

31. 2公尺

■ 進階題

1. $\dfrac{\sqrt{6}}{3}$

2. $2\sqrt{14}$

3. $\dfrac{6\sqrt{3}}{5}$

4. 32

■ 第四章

1. 不對

2. $\overrightarrow{EC}=\overrightarrow{DB}=\overrightarrow{GE}=\overrightarrow{HF}$

3. $\overrightarrow{CE}=\overrightarrow{a}-\overrightarrow{b}+\overrightarrow{c}$, $\overrightarrow{AG}=-\overrightarrow{a}+\overrightarrow{b}+\overrightarrow{c}$

4. $r=-\dfrac{5}{8}$, $s=\dfrac{3}{5}$

5. (1) $\overrightarrow{CD}=\dfrac{3}{4}\overrightarrow{a}-\overrightarrow{b}$ (2) $(x.y)=(-\dfrac{7}{3},\dfrac{8}{3})$

6. 略

7. $\overrightarrow{AB}=(5,\ 7)$, $|\overrightarrow{AB}|=\sqrt{84}$

8. $(-3,\ -6)$或$(5,\ 10)$或$(11,\ 0)$

9. $\sqrt{52}$

10. (1) $(-\dfrac{6}{7},\dfrac{13}{7})$ (2) $(-9,-2)$

11. $(\dfrac{7}{3},-1)$

12. $x = \dfrac{3}{2}$

13. $a = \dfrac{11}{5}$

14. $\overrightarrow{BC} = (-8, -3)$

15. (1) $\overrightarrow{AB} = (0, 2, 2)$ ， $|\overrightarrow{AB}| = 2\sqrt{2}$ 　(2) $\overrightarrow{CD} = (4, -1, -1)$ ， $|\overrightarrow{CD}| = 3\sqrt{2}$

(3)不平行

16. $\overrightarrow{AI} = \dfrac{\sqrt{421}}{4}$

17. -6

18. 3

19. 0

20. -7

21. $135°$

22. $\dfrac{\sqrt{65}}{65}$

23. $-\dfrac{\sqrt{5}}{5}$

24. $\vec{a} = (-4\sqrt{3}, 4)$ 或 $(0, -8)$

25. (1) $-\dfrac{2}{5}$ 　(2) $\dfrac{5}{2}$

26. ± 3

27. $\dfrac{\sqrt{221}}{39}$

■ 進階題

1. AB

2. $\sqrt{61}$

3. -87

4. ABE

5. $3\sqrt{5}$

6. $(1,\dfrac{1}{2},\dfrac{1}{2})$

■ 第五章

1. (1) $(x, y) = (1, 1)$　　(2) $(x, y, z) = (1, 1, 1)$　　　(3) $(x, y, z) = (1, 1, 1)$

2. (1) 2　(2) 1　(3) 3×3　(4) 6

3. CDE

4. (1)無解　　(2) $(x,y)=(-\dfrac{2}{11},\dfrac{5}{11})$　　(3) $(x, y, z)=(2, 2, -2)$

   (4) $(x, y, z) = (-\dfrac{33}{10},-\dfrac{11}{10},-\dfrac{1}{2})$　　(5) $(x, y, z) = (-3, -3, 2)$

5. (1) $\begin{bmatrix} 1 & 0 & 0 \\ 0 & 0 & 1 \\ 0 & 1 & 0 \end{bmatrix}$　　(2) $\begin{bmatrix} 10 & 0 & 0 & 1 \\ 0 & 0 & 4 & 5 \\ 0 & 5 & 0 & 11 \end{bmatrix}$

6. (1) 2　(2) −2　(3) −120　(4) 30　(5) 0　(6) −2

7. (1) 24　(2) 34

8. −1或7

9. ABCDEF

10. (1) 0　(2)−1260

11. BDE

12. BCE

13. −2

14. (1) $(x, y) = (2,1)$　　(2) $(x, y) = (2,1)$　　(3)無解　　(4) $(x, y, z)=(\dfrac{23}{6},-\dfrac{2}{3},\dfrac{13}{6})$

   (5)無限多解 $(x, y, z) = (1-t, t, t)$ ， $t \in R$

15. $a \neq -6$時， $x = \dfrac{a^2-2a+2}{a+6}$ ， $y = \dfrac{-a^2+2a-2}{a+6}$ ； $a=-6$時，無解

16. 3或−2

17. $k \neq -\dfrac{1}{3}$ 與 1 時， $x = \dfrac{2}{3k+1}, y = \dfrac{2}{3k+1}, z = \dfrac{k-1}{3k+1}$ ； $k = -\dfrac{1}{3}$ 時，無解； $k=1$ 時，

   無限多解 $(x, y, z) = (1-t, t, 0)$ ， $t \in R$

18. (1) $\dfrac{41}{2}$　　(2) $a = -24$

19. 1或13

20. $-\dfrac{3}{2}$或$-\dfrac{13}{2}$

■ 進階題

1. 41

2. 25

3. 略

MEMO

MEMO

MEMO

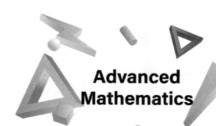

MEMO

Advanced
Mathematics

國家圖書館出版品預行編目資料

進階數學 / 張振華, 徐偉鈞編著. -- 第三版. --
新北市：新文京開發, 2019,09
面；公分

ISBN 978-986-430-556-8（平裝）

1. 數學

310   108014128

進階數學（第三版）　　　　　　　　　（書號：E273e3）

編　著　者	張振華　徐偉鈞
出　版　者	新文京開發出版股份有限公司
地　　　址	新北市中和區中山路二段 362 號 9 樓
電　　　話	(02) 2244-8188（代表號）
Ｆ　Ａ　Ｘ	(02) 2244-8189
郵　　　撥	1958730-2
初　　　版	西元 2007 年 06 月 15 日
二　　　版	西元 2012 年 07 月 05 日
三　　　版	西元 2019 年 09 月 10 日

有著作權　不准翻印　　　　　　　建議售價：350 元
法律顧問：蕭雄淋律師
ISBN　978-986-430-556-8

New Wun Ching Developmental Publishing Co., Ltd.

New Age · New Choice · The Best Selected Educational Publications — NEW WCDP

新文京開發出版股份有限公司

新世紀‧新視野‧新文京 — 精選教科書‧考試用書‧專業參考書